낭만 테크놀로지

낭만 테크놀로지

김대일 지음
김대일 & AI 그림

W미디어

차례

대학에서 컴퓨터를 전공하고 기업체에 입사하여 정보기술IT 관련 업무를 한 지 38년, 대학에서 공부한 기간까지 합하면 어언 40년이 넘는 세월을 테크놀로지와 함께 하였다. 원래 글 쓰는 것을 좋아하고 수학 문제 푸는 것을 싫어한 나는 스스로 이성보다는 감성 성향의 유형이라고 믿고 있었다. 그런데 어찌 하다보니 컴퓨터를 전공하게 되었고, 평생 정보기술에 관한 일을 하고 있으니 인생이란 참 재미있는 것같다.

1980년대 메인프레임 위주의 Host-Terminal 형태의 정보기술이 1990년대 오픈 환경의 Client-Server 형태로 바뀌고, 2000년대 들어 인터넷이 등장하면서 Web Application이 대세가 되더니, 2010년대 모바일 시대가 열리면서 앱과 플랫폼 비즈니스가 세상을 온통 디지털 세상으로 변화시켰고, 2015년 4차 산업혁명 시대가 시작되면서 인공지능, 블록체인, 빅데이터, 클라우드, IoT 등과 같은 4차 산업혁명의 기술들이 인류의 삶의 형태를 송두리째 바꾸고 있다.

지난 40년 동안 이런 일련의 기술들을 직접 개발하고 사용하고 경험하면서 46억 년 전에 지구가 탄생하고, 20만 년 전에 인류의 조상이 등장하고, 4만여 년 전에 현생 인류가 탄생한 뒤 인류가 시대별로 어떤 기술을 발명하고 어떻게 발전시켰는지, 그리고 이 기술들이 인류에 어떤 영향을 끼쳤고 미래에 어떤 영향을 줄지 궁금해졌다.

현생 인류의 역사를 4만 년이라고 할 때 지난 3만9,980년이란 긴 시간 동안 인류가 만든 기술 총합보다 21세기가 시작되고 단 24년간 만든 기술이 더 많았고, 또 앞으로의 5년 동안 만들 기술은 지난 24년간 만든 기술의 총합보다 훨씬 더 많을 것이다. 그리고 이러한 기술 발전속도는 갈수록 빨라질 것이다. 이렇게 기하급수적으로 발전하는 인간의 기술이 언젠가 신의 영역에 도달할 수도 있다는 우려감과 그 세상은 또 어떤 세상인지에 대한 기대감이 상존한다.

인공지능이 전 인류의 지능 총합을 넘어서는 시점을 특이점 Singularity이라고 한다. 우리에게 '알파고'로 유명한 인공지능인 구글의 딥마인드를 개발한 구글의 개발이사이자 미래학자인 레이 커즈와일은 2005년에 쓴 저서 〈특이점이 온다The Singularity is near〉에서 2045년에 특이점이 온다고 주장하였다. 과연 특이점은 정말 도래할 것인가? 특이점이 도래하면 우리에게 어떤 일이 벌어질 것인가?

Open AI의 챗GPT, 구글의 바드와 같은 생성형 인공지능이 갈수록 스마트해지고 있다. 이러한 챗GPT, 바드와 같은 인공지능은 특정한 영역에서 주어진 일을 인간의 의도에 따라 수행하는 인공지능으로 적용이 제한되어 있다는 의미에서 약인공지능 ANI^{Artificial Narrow Intelligence}로 불린다. 이런 약인공지능은 대부분 우리가 알고 있는 인공지능이다.

이런 약인공지능의 수준을 넘어서는 인공지능을 강인공지능 AGI^{Artificial General Intelligence}라고 하는데, 영화 〈아이언맨〉에 나오는 '자비스'와 같은 인공지능으로 인간의 거의 모든 지적 작업을 스스로 수행할 수 있는 단계로 인간의 제반 문제를 사고하고 처리할 수 있는 인간 수준의 인공지능이다.

인공지능의 수준은 강인공지능에서 멈추지 않고 인공지능이 인류 전체의 지능을 넘어서는 초인공지능 ASI^{Artificial Super Intelligence}로 진화할 수 있다. 영화 〈터미네이터〉의 '스카이넷'이나 〈매트릭스〉에서 인간을 지배하던 인공지능이 여기에 해당된다. 이런 초인공지능이 등장한다는 것은 바로 특이점이 도래한다는 것이다. 레이 커즈와일의 예측처럼 21년 후인 2045년에 우리는 이 특이점을 맞이할 수도 있다.

이제 세상은 자동차도 AI가 탑재된 소프트웨어 중심 자동차^{SDV : Software Defined Vehicle}로 탈바꿈하면서 스마트폰처럼 자동 업그레이드되는 시대로 변했다. 자동차가 '바퀴 달린 스마트폰' 또는 '바퀴 달린 컴퓨터'로 불리는 이유이다 . 세상은 이미 온통 인공지능의 세상이, 테크놀로지의 세상이 되어 가고 있다. 필자도 이 책을 저술하면서 책 표지를 포함한 대부분의 그림을 인공지능으로 디자인하였다. 참 편리하다고 생각하면서도 이들을 그저 유용하게 사용하는 것이 마냥 마음 편하지만은 않다.

　이제 인류는 기술의 발전만을 위해 경주마처럼 앞만 보고 달려가서는 안 된다. 냉철한 이성과 과학만으로 테크놀로지를 발전시키면 안 되고, 뜨거운 감성과 인문학을 테크놀로지에 입혀야 할 때다. 테크놀로지에도 낭만이 있어야 하지 않을까? 이 책 〈낭만 테크놀로지〉를 세상에 내는 이유이다.

2024년 3월
김대일

CHAPTER 1

인류와 테크놀로지

인공지능^{AI}과 특이점^{Singularity}

몇 년 전 4차 산업혁명이 화두로 떠올랐을 때, 전문가들은 4차 산업혁명의 수많은 테크놀로지 중에서 핵심 테크놀로지는 'ABCD'가 될 것이라고 예측하였다. 여기서 A는 인공지능^{AI}, B는 블록체인^{Block Chain}, C는 클라우드^{Cloud}, D는 빅데이터^{Big Data}를 지칭하는데 수년이 지난 지금 반추해보면 당시의 예상은 정확하다고 말할 수 있다.

실제로 이 ABCD 기술은 현재 단순 이론의 범주를 뛰어넘어 이미 인간의 생활 속에 깊이 침투되어 있다. 이 중에서 특히 인공지능은 인간에게 가장 큰 영향력을 미치고 있고, 이제는 인간의 일자리마저 급속도로 대체하며 그 세력을 확장하고 있다.

일례로, 2016년 인공지능 바둑 프로그램 알파고가 등장하여 이세돌 9단을 4:1로 격파한 후 현재 바둑계에서는 인공지능 바둑을 마치 바둑의 신으로 떠받드는 모양새가 되고 있어 씁쓸함을 금할 수 없다. 인간 바둑 랭킹 세계 1위인 신진서 9단의 별명이 '신공지능'이다. 이는 인공지능 바둑과 가장 비슷한 수순으로 둔다고 해서 붙여진 별

명이다. 인공지능은 인간이 만든 것임이 분명한 데 인간이 만든 인공지능을 오히려 인간이 신으로 여긴다면 이보다 더 모순된 일은 없을 것이다.

그러나 우리 주변에는 이미 인공지능은 광범위하게 퍼져 있고, 인공지능 기술 또한 기하급수적으로 발전하고 있다. 수도꼭지의 물을 한 방울씩 떨어뜨려 욕조에 물을 가득 채우는 실험을 하는데 첫날은 한 방울 떨어뜨리고, 둘째 날은 첫날의 두 배인 두 방울을 떨어뜨리고, 셋째 날은 또 전날의 두 배인 네 방울을 떨어뜨리고, 넷째 날은 여덟 방울, 다섯째 날은 열여섯 방울 하는 식으로 계속 떨어뜨려 욕조에 물이 딱 절반이 차는데 99일이 걸렸다면, 이 욕조에 물이 가득 차게 하는 데는 총 며칠이 더 걸릴까?

물이 절반 차는 데 99일 걸렸으니 나머지 절반을 채우려면 99일이 더 필요할까? 그렇지 않다. 이제 물이 가득 차는데 필요한 날은 99일이 아니라 오로지 단 하루만 더 필요할 뿐이다. 바로 기하급수적 증가 때문이다.

인류의 기술 발전도 이런 기하급수적 발전의 형태를 띠고 있다. 인류의 직계 조상인 호모 사피엔스 사피엔스가 등장한 후 4만 년 동안 인류는 불의 발견, 돌을 이용한 도구의 발명, 농경 재배 기술 개발과 같은 기술 발전을 이루었다. 그런데 4만 년이란 긴 시간 동안 인류가 발전시킨 기술은 사실 그리 많지 않다. 이것은 마치 욕조에 물을 가득 채우는데 걸리는 100일 중 98일을 사용했지만 욕조에 물은 3%도 차지 않은 상황과도 같다.

그리고 15세기까지 2천 년 동안 인류는 숫자를 발명하고 수레와 종이, 화약, 나침반과 같은 것들을 발명하는데, 앞선 4만 년 동안 인류가 발전시킨 기술보다 그 2천 년 동안에 훨씬 더 많은 기술을 발전시켰다. 즉, 98일 동안 욕조에 물을 3% 채웠다면 그 후 12시간 만에 10%의 물을 채운 것과 같은 이치이다.

그 후 20세기까지 4백 년 동안 인류는 엄청난 발전을 하게 된다. 특히 18세기 영국에서 일어난 산업혁명을 통해 증기기관과 방적기가 발명되고, 19세기에는 전기가 발명되고, 20세기 초에 비행기와 같은 것들이 발명되고, 드디어 20세기 말에 컴퓨터가 발명되어 정보화 혁명 시대가 열리면서 인류의 기술 발전속도가 기하급수적으로 증가하기 시작한다.

21세기가 시작되고 24년이 지난 2024년 현재 인류는 욕조에 물

을 얼마나 채웠다고 생각해야 할까? 인류는 4만 년 동안 3%의 물을 채웠고, 농업혁명을 통해 2천 년 동안 10%의 물을 채웠고, 산업혁명을 통해 4백 년 동안 20%의 물을 채웠고, 정보화 혁명을 통해 70년 동안 30% 이상의 물을 채웠다고 볼 수 있다.

이제 4차 산업혁명의 기술들이 기하급수적으로 발전하는 과정에 있는데, 문제는 우리가 언제 물을 50%를 채우느냐 하는 것이다. 왜냐하면 인류가 기술 발전 50%에 도달하는 순간, 욕조의 물을 단 하루 만에 절반에서 꽉 채우듯이 인류의 기술 발전이 곧 100%에 도달한다는 것이고, 그 100%에 도달한다는 것은 바로 신의 영역을 침범할 수도 있다는 것이기 때문이다.

오늘날 인공지능이 이런 기술 발전을 기하급수적으로 더욱 가속

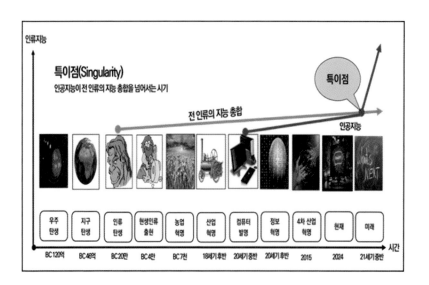

화하고 있다. 인공지능이 전 인류 지능의 총합을 뛰어넘는 시점을 특이점Singularity이라고 한다. 이미 어떤 분야에서는 특이점이 도래되었다고 봐야 한다. 실제로 바둑과 같은 경우에는 세계 프로 바둑 랭킹 1위인 신진서와 같은 바둑 인간 대표도 알파고와 같은 바둑 인공지능과 맞두어서는 승률 0%이고, 두 점을 놓고 둔다 하더라도 50% 승률을 보장할 수 없다 한다.

특히 2022년 11월에 출시된 Open AI의 대화형 생성 인공지능 서비스Generative AI 챗GPT는 인류가 개발한 가장 위대한 기술로 평가받으며, 이미 역사상 가장 빠르게 성장한 앱이 되었다. 챗GPT는 출시된 지 3개월 만에 월간 활성 사용자 수MAU : Monthly Active User 1억 명을 돌파하였다. 월간 사용자 수 1억 명을 돌파하는데 걸린 시간은 인스타그램이 3년, 틱톡은 9개월이었다. 인공지능의 발전속도는 이제 빛의 속도로 발전하게 될 것이다.

　개인적인 생각으로는 인류는 특이점의 욕조에 물을 거의 50% 정도 채우지 않았나 생각된다. 가까운 시일 내에 인류의 모든 분야에 인공지능이 확산되면 욕조의 물은 바로 50%에 도달하게 될 것이다. 그렇게 되면 아주 짧은 시간 내에 욕조의 물은 100%가 될 것이고, 어쩌면 인간이 인공지능을 통제할 수 없는 시점이 도래할지도 모른다. 무엇보다 그 시점이 생각보다 더 가까운 미래가 될 수도 있다.

　2023년 3월에 출시된 챗GPT4는 멀티모달 모델로 문자 인식의 한계를 벗어나 음성과 사진과 같은 복합 정보도 처리할 수 있다. 이런 강력한 기능을 가진 챗GPT가 2024년 1월에 AI 생태계인 GPT 스토어 서비스를 개시하였다. 스마트폰에서 애플의 앱스토어와 구글의 플레이스토어가 앱 생태계를 지배하고 있듯이 챗GPT가 GPT 스토어로 AI 생태계를 지배하려 하고 있다.

　2024년 2월 현재 GPT 스토어에는 서비스 개시 두 달 만에 300만 개 이상의 사용자 자신만의 맞춤형 챗봇이 등록되었다. 이제 AI 생태계는 앱 생태계와는 다른 시각으로 바라봐야만 한다. 인류의 또 다른 지혜가 필요한 시점이다. 특이점의 도래 시기를 인공지능에게 물어보는 일은 없어야 하지 않을까?

바퀴 달린 컴퓨터

산업을 업종별로 나누면 일반적으로 금융, 건설, 통신, IT, 전자, 자동차, 조선, 유통, 의료, 연예 산업 등으로 분류한다. 그러나 4차 산업혁명 이후 급격히 발달한 기술은 이러한 산업 간의 구분을 무의미하게 만들었다. 기술과 기술의 융합, 산업과 산업 간의 융합, 특히 기술과 산업의 융합은 산업간 경계의 벽을 완전히 허물어 버렸다.

기존 산업의 한 축인 자동차 산업은 앞으로는 더 이상 자동차 산업으로 불리지 않을 전망이다. 기존의 자동차는 엔진과 변속장치(기어) 그리고 조향장치(핸들) 등 자동차 본연의 핵심 기술 위에 부수적으로 컴퓨터를 장착했다면, 미래의 자동차는 최첨단 컴퓨터를 자동차 모형으로 설계 제작하고 이것에 바퀴를 단 바퀴 달린 컴퓨터로 보는 것이 타당할 것이다.

이 바퀴 달린 컴퓨터는 주행하는 동안 센서 기술과 6G 초고속 무선 통신 기술로 연결된 실시간 교통정보와 공사정보 및 클라우드에 저장된 대량의 정보를 빅데이터로 분석하고 인공지능으로 판단하여

자율주행 기능을 제공하고 사물인터넷IoT을 이용하여 날씨, 음악, 뉴스, 스포츠 등 외부의 정보와 연계해 차량 탑승자에게 최상의 탑승 경험을 제공하게 된다.

　이제 이 바퀴 달린 컴퓨터의 주요 목적은 더 이상 '이동'이 아니다. 그저 이동은 바퀴 달린 컴퓨터의 수많은 기능 중 하나가 될 뿐이다. 이는 마치 주머니 속의 컴퓨터 스마트폰의 기능 중 통화가 아주 극히 일부의 기능이 된 것과 일맥상통하는 현상이다. 요즘 자동차가 제때 출시되지 못하는 가장 큰 이유가 엔진이나 바퀴와 같은 부품 부족 때문이 아니라 차량용 반도체 부족이라는 사실이 자동차 산업이 바퀴 달린 컴퓨터 산업으로 바뀔 것이라는 예측에 힘을 실어주는 이유다.

　이렇듯 산업과 첨단 기술의 융합은 미래 산업계 지도를 대폭 바꾸어 놓을 것이다. 날개 달린 컴퓨터 드론은 유통업의 제품 택배 서비스뿐 아니라 농업에서 농약 살포, 건설산업에서 건설 자재 수송, 의료산업에서 환자 이송 서비스, 영화산업에서 공중 촬영을 하고 있고, 조만간 수송산업에서 드론 택시 서비스 론칭을 눈앞에 두고 있다. 이제 우리는 가까운 미래에 날개 달린 컴퓨터를 타고 하늘을 날아 출근하는 현실을 경험하게 될 것이다.

　이 날개 달린 컴퓨터는 군사용으로도 많이 사용되고 있다. 주로 감시 및 정찰용으로 사용되지만, 유탄발사기와 결합된 수류탄 투척용 드론도 이미 개발되어 미 해병대에서 시연까지 하였다. 앞으로는 톰 크루즈 주연 공상 과학 영화 〈오블리비언〉에서 본 잔인하고도 무자비한 살상용 날개 달린 컴퓨터가 현실 세계에서도 등장할지 모른다. 개인적 생각으로는 이 기술과 산업의 융합은 만나지 말았어야 할 잘못된 만남이 아닌가 싶다.

　주머니 속의 컴퓨터 스마트폰과 바퀴 달린 컴퓨터 자율주행차, 그리고 날개 달린 컴퓨터 드론과 더불어 인간 세상에 또 하나의 변혁을 일으킬 것은 팔다리 달린 컴퓨터 로봇이다. 팔다리 달린 컴퓨터는 이미 우리 주변의 일상생활에서 많이 사용되고 있다. 제조업에는 운반용 로봇, 조립형 로봇, 가공형 로봇들이 사람이 하는 많은 일을 대체하였고, 의료산업에도 고난도 수술에는 수술용 로봇이 대세를 이루고 있다. 일반 가정에서는 가사용 로봇뿐 아니라 아이들 교육용 및 놀

이형 로봇이 서서히 대중화되고 있다.

　　PC가 귀하던 시절 1가정 1PC 시대를 거쳐 1인 1PC 시대를 맞이했듯이 머지않아 1가정 1로봇 시대를 거쳐 1인 1로봇 시대가 곧 도래할 것으로 예상된다. 이 팔다리 달린 컴퓨터는 날개 달린 컴퓨터와 마찬가지로 군사적 목적으로도 다양하게 사용될 것이다. 특히 인구가 절감되는 상황에서 팔다리 달린 컴퓨터는 군인의 많은 역할을 대체하게 될 것이다.

현재 군 분대 구성

미래 군 분대 구성

현재 군의 가장 최소단위는 분대로서 보통 10명의 군인으로 구성되는데, 그 구성원은 분대장과 부분대장, 4명의 소총수, 2명의 유탄수, 2명의 기관총 사수와 부사수이다. 그러나 미래의 분대 구성은 1명의 인간 분대장과 1대의 팔다리 달린 컴퓨터 인간 로봇, 1대의 전투견 로봇, 그리고 1대의 바퀴 달린 컴퓨터 차량으로 구성될 전망이다. 앞으로는 군대 시절의 끈끈했던 전우애마저 느끼지 못하는 시대가 올지도 모른다.

이렇듯 첨단 기술은 머지않은 미래에 인간 세상의 기존 패러다임을 온통 바꾸어 놓을 것이다. 그러나 정작 우리 인간들은 우리 스스로 기술을 만들어 놓고도 그 기술이 우리의 미래를 어떻게 바꾸어 놓을

지 쉽게 짐작하지 못한다. 링컨 대통령의 다음 가르침을 되새겨볼 시
점이다.

미래를 예측하는 가장 좋은 방법은 그것을 창조하는 것이다.

The best way to predict the future is to create it.

Society 5.0 & Industry 4.0

46억 년 전에 탄생한 지구의 역사를 시대별로 구분하면 '명왕누대 – 시생대 – 원생대 – 고생대 – 중생대 – 신생대'로 나눈다. 지구가 탄생하고 25억 년 전인 시생대까지는 지구상에 그 어떤 생명체도 존재하지 않았고, 25억 년 전부터 5.45억 년 전까지 이어진 원생대에 원핵생물인 박테리아와 원형동물인 아메바와 같은 최초의 생명체가 탄생하였다.

그 후 2.45억 년 전까지 이어진 고생대에 오존층이 형성되어 고사리와 같은 식물과 원시어류와 삼엽충이 등장하고, 곤충과 양서류가 지구상에 나타나기 시작하였다. 중생대에는 은행나무와 소나무가 출현했고, 파충류와 시조새와 같은 조류 그리고 중생대의 지배자인 공룡류가 나타났다.

중생대 말기인 6천5백만 년 전에는 포유류가 등장하기 시작하였으나 이 시기에 갑자기 원인을 알 수 없는 이유로 공룡이 절멸하였고, 전 지구상의 70%에 해당하는 생명체가 멸종하였다. 공룡 멸종의 원

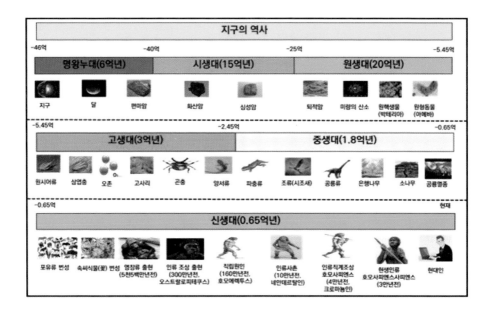

인에 대해서는 여러 가지 가설이 있는데 소행성 충돌이 가장 유력한 것으로 알려져 있다.

공룡이 멸종한 6천5백만 년 전부터 현재까지를 신생대라고 하는데 포유류와 속씨식물인 꽃이 번성하였으며, 인류가 속해 있는 영장류가 출현하였다. 그리고 인류의 조상인 오스트랄로피테쿠스가 등장한 것은 3백만 년 전이며, 크로마뇽인 같은 인류의 직계 조상인 호모 사피엔스가 등장한 시기는 4만 년 전이다. 그 후 3만 년 전부터는 현생 인류인 호모 사피엔스 사피엔스가 출현해 지금까지 인류의 종족을 유지하고 있다.

지구상에 인류가 등장하면서 자연스럽게 문명사회가 탄생하게 되었는데, 인류가 탄생한 4만 년 전부터 1만 년 전까지의 사회를

Society 1.0으로 분류한다. 이 시대는 수렵사회로 인류는 구석기 시대 3만 년 동안 사냥과 채집으로 삶을 유지하였다.

Society 2.0은 신석기 시대가 시작된 BC 1만 년부터 18세기 말 산업혁명이 일어나기 전까지의 사회를 지칭하는데, 이 시대는 농경사회로 Society 1.0인 수렵사회보다 기술적으로 훨씬 진보된 사회이다. Society 1.0 시대보다 훨씬 정교한 도구가 개발되어 사용되었고, 단순 수렵 채취를 하던 기술에서 벗어나 다양한 농경 기술이 개발되었다.

18세기 말부터 영국에서 시작된 산업혁명으로 Society 3.0 산업사회가 시작되었다. 18세기 말부터 19세기 전반까지의 산업혁명을 1차 산업혁명Industry 1.0이라고 부르는데, 이 시기에 증기기관과 방직기계가 개발되어 인류의 삶을 크게 바꾸어 놓았다. 2차 산업혁명Industry 2.0은 19세기 중반부터 20세기 전반까지의 기술혁명을 말하는데,

Industry 1.0이 주로 경공업에 대한 발전이 이루어졌다면 Industry 2.0은 전기, 화학, 석유, 철강 등과 같은 중공업 분야의 비약적인 발전이 이루어져 대량생산의 기틀을 완성했다.

20세기 중엽 발명된 컴퓨터로 인해 Society 4.0 정보사회와 3차 산업혁명Industry 3.0이 시작되었다. 특히 20세기 말부터 등장한 인터넷은 인종과 국경을 초월하여 전 세계를 하나의 네트워크로 묶어 인류의 삶을 송두리째 바꾸어 놓았다.

그리고 21세기에 들어서면서 디지털 기술들이 대폭 발전하면서 2015년부터 4차 산업혁명Industry 4.0이 시작되고 Society 5.0 '슈퍼 스마트 사회'가 시작되었다. 이른바 ABCDAI/Block Chain/Cloud/Big Data로 일컬어지는 디지털 기반 기술의 발전과, 모든 사물이 인터넷에 연결되어 정보가 공유되고 새로운 서비스를 제공하는 사물인터넷IoT의 확산으로 4차 산업혁명Industry 4.0과 슈퍼 스마트 사회Society 5.0가 도래되고, 이런 현실을 사는 우리는 지금 Industry 4.0과 Society 5.0 시대의 한복판에 있다.

현재까지의 인류의 기술축적량을 100으로 가정했을 때 3만 년 동안 이어진 Society 1.0 수렵사회의 기술축적량은 0.1, 1만 년 동안 이어진 Society 2.0 농경사회의 기술축적량은 0.4, 1백 년 조금 넘는 기간의 Society 3.0 산업사회의 기술축적량은 4.5, 70년 조금 넘게 이어진 Society 4.0 정보사회의 기술축적량은 25 정도로 볼 수 있다. 4만 년의 기나긴 인류 역사 중에서 채 10년도 되지 않은 Society 5.0 슈퍼 스마트 사회의 기술축적량이 70이나 된다고 볼 수 있다.

이처럼 시간은 기하급수적으로 짧아지고, 기술축적은 기하급수적으로 늘어나고 있다. 앞으로 인류는 100% 자율주행 차나 드론 택시로 출퇴근하고 1가구 1로봇 시대, 1인 1로봇 시대를 맞이하여 모든 가사노동은 로봇이 담당하고, 다양한 산업 분야의 대부분 서비스는 인공지능으로 대체될 것이다. 우리는 당장 1~2년 후에 정신노동은 인공지능이, 육체노동은 로봇이 처리하는 5차 산업혁명Industry 5.0과 Society 6.0 '울트라 슈퍼 스마트 사회'를 맞이하게 될지도 모른다.

우주가 탄생한 지 120억 년, 지구가 탄생한 지 46억 년, 인류가 탄생한 지 4만 년에 이른 지금 인류와 인류가 만든 기술은 과연 어디까지 갈 수 있을까?

알파 세대

2024년 현재 40~50대인 X세대, 30~40대인 Y세대 그리고 10~20대인 알파벳의 마지막 글자를 딴 Z세대까지 등장했다. 그럼 Z세대의 다음 세대는 과연 무엇이라고 불러야 할까? 다시 알파벳의 처음으로 돌아가서 A세대라고 불러야 할까, 아니면 그동안 사용하지 않은 임의의 알파벳 글자를 써서 W세대나 N세대라고 불러야 할까?

2010년 이후 출생한, 즉 2024년 현재 14살 이하의 Next Z세대는 알파벳 문자가 아닌 그리스 문자의 첫 문자인 알파를 사용해서 '알파 세대'라고 부른다. 이들을 알파 세대라고 부르는 것은 단순히 Z세대의 Next가 아닌 전혀 새로운 종족의 탄생을 의미하기 때문이다.

얼마 전 미국의 경제지 〈Business Inside〉의 사설에서 미국에서 최근 태어난 아기가 몇 개월 후 말한 첫마디가 'Mom(엄마)'이나 'Dad(아빠)'가 아닌 아마존에서 만든 인공지능 '알렉사Alexa'였다는 충격적인 사실을 소개하였다. 일반적으로 아기가 태어나면 가장 먼저 발음하는 단어는 자신이 가장 먼저 만나고 가장 많이 소통하는 '엄마'나

'아빠'였는데, 엄마 아빠를 부르지 않고 '알렉사'를 불렀다는 것만으로도 이들이 태어나자마자 얼마나 많은 시간을 인공지능 스피커와 보냈는지 알 수 있다.

이런 알파 세대에 대한 사례는 이미 주변에서 흔하게 발견되고 있다. 안고 있는 아이가 아빠의 안경을 자꾸 누르는 행동을 하길래 유심히 살펴보니 아기가 안경을 터치 스크린으로 인식하고 있었다고 하고, 우리나라의 경우 집안의 통신망을 다른 통신사로 바꾸면서 인공지능 스피커도 '지니'에서 '누구'로 바꾸었더니 6살짜리 아들이 종일 눈물을 흘리며 '지니'와의 이별을 슬퍼하였다는 웃지 못할 일화도 있다고 한다. 4차 산업혁명의 디지털 시대임을 감안할 때 어찌 보면 이해가 가기도 하지만 한편으로는 이러한 현상이 그리 반갑지만은 않은 것은 엄연한 사실이다.

알파 세대의 부모는 디지털에 익숙한 Y세대 또는 빠른 MZ세대이기 때문에 그들의 자녀들에게 일찍부터 디지털 환경을 제공했을 것이고, 또한 바쁜 현대사회를 살아가야만 하는 알파 세대의 부모들은 엄마 아빠 역할의 많은 부분을 인공지능이나 SNS에 맡겼을 것이다. 아이들이 울고 떼쓸 때 엄마는 유튜브를 보여주며 달랬고, 이들이 호기심 어린 질문을 끝없이 했을 때 아빠는 알렉사와 대화하면서 놀게 하였다. 어찌 보면 알파 세대의 첫마디로 아이들이 엄마나 아빠를 말하지 않고 알렉사나 헤이 구글, 하이 빅스비를 부른 것이 당연했을지 모른다는 생각이 든다.

XY세대가 인류 본연의 호모 사피엔스 종족이었다면 MZ세대는

세대	Before War	베이비부머	X 세대	Y 세대	Z 세대	알파 세대
출생년도	~ 1950	1951 ~ 1964	1965 ~ 1980	1981 ~ 1994	1995 ~ 2010	2011 ~
Signature 제품	자동차	TV	PC	휴대폰	구글 Glass	인공지능
초기 커뮤니케이션	편지	전화	Email	문자메시지	SNS	SNS
디지털	Foreigner	Immigrant	Settler	Mixed	Native	Only
리더십 스타일	명령	지시	코칭	파트너	주인공	?
Management	1.0	1.0 ~ 2.0	2.0	2.0 ~ 3.0	3.0	?
일하는 방식	전통방식	전통방식	전통방식	Hybrid	Agile	?

호모 디지쿠스(디지털 신인류) 종족이었고, 알파 세대는 이제 호모 디지쿠스를 넘어 호모 모빌리언스(증강 초인류) 종족으로 새롭게 분류된다. 알파 세대는 태어나면서부터 스마트폰 사용이 일상화되었고, 그 스마트폰을 매개체로 엄마 아빠와의 커뮤니케이션보다는 SNS와 더욱 친밀하게 지냈고 클라우드와 인공지능의 사용으로 언제 어디서든 원하는 정보를 쉽게 얻을 수 있게 되었다. 즉, 알파 세대는 스마트폰이라는 자신의 아바타를 이용하여 증강 인간이 되었고, 이들은 SNS를 통해 전 세계의 다른 증강 인간과 교류하며 집단 지성을 형성하며 집단 생명체인 '증강 초인류(호모 모빌리언스)'라는 새로운 종족을 탄생시켰다.

이런 알파 세대는 사람과의 소통보다는 기계와 기술과의 소통에 더 익숙해 정서나 사회성 발달에 부정적인 영향이 있을 수 있다는 우려가 있다. 특히 이들이 생애 처음으로 사회생활을 시작할 학교를 다

닐 무렵인 2020년 초반에 전 세계적으로 퍼진 코로나19 팬데믹은 이런 우려를 더욱 가속화시켰다. 코로나는 전 세계 인류를 호모 마스쿠스(마스크를 쓴 인종)로 만들어 사람과의 소통을 더욱 꺼리게 만들었고, 사람과 교류 경험이 부족한 알파 세대를 호모 모빌리언스 종족으로의 진화로 더욱 촉진시켰다.

이들은 디지털 신인류라고 불리는 MZ세대와도 근원 자체가 다르다. MZ세대가 아날로그 문화와 디지털 문화를 같이 경험한 세대라면 알파 세대는 스마트폰 이전 문화에 대한 경험이 전혀 없고, 특히 아날로그 매체와의 어떠한 연결점도 존재하지 않는다. 이들은 태어난 순간부터 스마트폰으로 대표되는 디지털 매체와 모바일 문화의 영향만을 받으며 기성세대와는 확연한 차이점을 보인다. 완전한 디지털 Only 세대이다. 이들을 인류 역사상 전혀 새로운 종족이라고 부르는 이유이다.

이들은 TV나 라디오는 구시대 유물로 취급할 것이며 유튜브, 틱톡, 인스타그램과 같은 1인 방송과 SNS를 선호할 것이며 인공지능, 가상현실, 메타버스와 같은 인간의 역할을 대체한 과학 기술에 의존할 것이다. 또한 2G/3G라는 통신 기술은 아예 알지 못할 것이며 그 복잡한 수학 문제는 챗GPT에 물어보지 왜 어렵게 스스로 풀어야 하는지, 영어 원서를 해석하기 위해 왜 영어를 수년간 공부해야 하는지 전혀 이해하지 못할 수도 있다.

2025년에는 전 세계 알파 세대가 약 22억 명에 이를 것으로 예측된다. 80억 지구 인구의 약 28%에 해당하는 수치이다. 출산율이 세계 최저 수준을 기록하고 있는 우리나라의 경우는 2025년이 되어도 500만 명이 되지 않을 것으로 예측되며, 전체 5천만 인구를 감안하면 10%가 채 되지 않을 것이다. 따라서 이들은 매우 귀한 대접을 받으며 자랄 것이다. 그들의 부모세대인 Y세대, MZ세대뿐 아니라 조부모 세대인 베이비부머나 X세대를 아우르는 전 세대의 관심과 배려 속에 성장하게 될 것이다.

이들이 경제의 주체가 되기에는 아직 많은 시간이 필요하다. 그러나 그들의 소비 형태에 기업들은 아주 많은 영향을 받게 될 것이다. 왜냐하면 한 명의 자녀에게 아낌없이 돈을 쓰는 VIB^{Very Important Baby} 트렌드와 한 아이를 위해 부모, 조부모, 삼촌 등 모든 세대 10명이 지갑을 연다는 '10포켓 신드롬' 때문이다.

일반적으로 한 세대의 기간은 15년 정도로 정의한다. 따라서 알파 세대는 2011~2025년 사이에 태어난 세대를 지칭하게 된다. 이들이 앞으로 창조해낼 세상은 과연 어떤 세상이 될까? 이들이 기성세대가 되는 2040년 정도에는 세상이 과연 어떻게 변해 있을까?

이들이 향후 정치, 경제, 사회, 문화, 기술 등 모든 분야에 끼칠 영향력은 어마어마할 것이다. 왜냐하면 이들은 단순히 기술을 사용했던 이전세대와 달리 융합적인 정보 활용의 시대를 만들고, 그 속에서 살아갈 중추 세대이기 때문이다. 그 시대는 국가 간, 민족 간, 인간과 인공지능 간, 산업 간, 기술 간 경계가 없는 시대가 될 것이다. 그럼에도 이들이 만들어낼 새로운 세상이 기대되면서도 한편으론 걱정되는 것은 기우일까? 이들은 또 어떠한 세상을 자신 다음 세대인 베타 세대에게 전해줄 것인지도 매우 궁금해진다.

인공 태양

영화 〈아이언맨〉에서 아이언맨은 제트기보다 빠르게 하늘을 날고, 바주카포보다 더 강력한 레이저 광선을 쏘고, 자동차와 같은 무거운 물체를 쉽게 던져버린다. 아이언맨은 어떻게 이런 일들을 척척 해낼 수 있을까? 이는 아주 강력한 에너지원을 가지고 있기 때문이다.

그러면 아이언맨은 과연 어떤 에너지원을 사용하여 그런 엄청난 파워를 행사할 수 있게 되었을까? 영화에서 무기 제조회사 스타크 인더스트리의 회장 토니 스타크는 대량살상무기를 실험하던 중 테러단체의 공격을 받아 폭탄 파편이 가슴에 박히는 심각한 부상을 입은 채 테러단체의 인질이 된다. 토니가 납치되기 전 이미 피랍되어 있던 의사 인센은 사경을 헤매는 토니의 몸에서 파편을 꺼내고, 전자석을 이용해 미처 꺼내지 못한 파편의 심장 유입을 막고 심장을 뛰게 만드는 시술법을 사용하여 토니를 살리게 된다.

그러나 이 전자석은 자동차의 배터리로 작동되기 때문에 전자석의 수명은 1주일밖에 되지 않아서 토니는 스스로 이 전자석을 대체할

아크 원자로를 만들어 가슴에 장착하게 된다. 이 아크 원자로가 바로 아이언맨을 탄생하게 만든 기적의 에너지원이다.

아크 원자로는 현실 세계에서도 존재하는 기술일까? 물론 이 아크 원자로는 현대의 과학 기술로는 실현 불가능한 가상의 기술이다. 그러나 이론적으로는 핵융합과 같은 기술을 사용한다면 아크 원자로와 유사한 에너지원을 만들 수도 있다.

그러면 핵융합 기술은 어떤 기술일까? 핵융합 기술은 쉽게 말해서 우리 생명의 원천인 태양에너지와 같은 에너지를 만드는 기술이다. 태양은 스스로 빛을 낸다. 이렇게 스스로 빛을 내는 별을 항성이라고 한다. 이런 항성이 만들어내는 빛은 그 자체로 엄청난 에너지원이다. 태양은 지난 50억 년 동안 엄청난 빛과 열에너지를 방출해왔고, 앞으로도 50억 년 동안 에너지를 방출할 것이라고 한다.

그렇다면 이렇게 방출되는 태양에너지 양은 과연 얼마나 될까? 일반적으로 지구의 전 인류가 1년간 사용하는 에너지 비용은 약 1조 달러(1.3경 원)라고 한다. 그런데 이는 태양이 1백만 분의 1초 동안 방출하는 에너지의 양에 불과하다고 하니 태양이 방출하는 에너지의 양이 어느 정도인지 상상하기조차 힘들다. 만일 누군가가 태양이 지구로 보내는 태양에너지를 단 1초만 모아 저장할 수 있는 에너지 저장 기술을 개발하거나 또는 태양과 같이 스스로 빛을 만들어낼 수 있는 기술을 확보한다면 그는 아마도 단번에 전 세계 1위의 부자가 될 것이다.

태양과 같이 빛을 만들어내는 방법을 인공적으로 개발하기 위해서는 태양이 어떻게 빛을 만들어내는지를 알아야 한다. 태양 속에서는 1초 동안 6억5천7백만 톤의 수소가 합쳐져 6억5천3백만 톤의 헬륨이 생성된다. 이때 1500만℃의 초고온 상태에서 가벼운 수소가 융합해 무거운 헬륨으로 바뀌는 과정에서 엄청난 에너지가 발생하는데 이것이 바로 핵융합 에너지, 즉 태양에너지이다. 이런 핵융합 에너지를 인공적으로 만들 수 있다면 인류는 꿈의 에너지를 확보할 수 있을 것이다.

핵융합 에너지를 인공적으로 만들기 위해서는 핵융합 실험로가 필요한데, 이 핵융합 실험로는 중수소와 삼중 수소를 연료로 사용해

초고온의 플라스마를 생성하여 자기장을 활용해 가두는 장치로, 태양
처럼 핵융합 반응이 일어나는 환경을 재현하게 된다. 이를 인공 태양
이라고 한다.

　인공 태양을 만드는 데 필요한 기술은 여러 가지가 있어야 하지
만 그중에서도 가장 필요한 기술은 지구상에서 1억℃ 이상의 온도를
유지해야 하는 것이다. 태양에서는 태양의 중력이 지구보다 훨씬 크
기 때문에 1500만℃에서 수소가 핵융합 반응을 일으키지만, 지구에
서는 태양과 같은 중력이 없기 때문에 태양에서의 높은 압력을 재현

할 수 없기에 그만큼 더 높은 온도인 1억℃ 이상을 유지해야만 수소와 원소가 합쳐지는 핵융합 반응을 일으킬 수 있기 때문이다.

이런 인공 태양 기술은 현재 어디까지 개발되었을까? 한국은 2018년 세계 최초로 1억℃의 온도를 맞추는 데 성공하였고, 2021년 1억℃의 온도를 30초간 유지하는 데 성공함으로써 세계 최고의 기술을 자랑하고 있다. 정말 자랑스러운 일이 아닐 수 없다. 이 한국형 인공 태양 'KSTAR'는 2026년에 1억℃ 이상의 초고온 플라스마를 300초 이상 유지하고, 2040년에 인공 태양 발전소를 건설해 상용화에 들어가겠다는 야심찬 계획을 가지고 있다.

앞으로 16년 후, 즉 2040년에는 모든 사람이 가슴에 소형 인공 태양 원자로를 장착하고 아이언맨이 되어 하늘을 날고 버스와 같은 큰 물체를 쉽게 옮길 수 있는 그런 세상을 살 수 있을지 모르겠다.

인류가 만들어내는 테크놀로지는 우리의 미래를 얼마나 더 바꿀 수 있을지, 그 한계는 어디까지일지 예측하기가 쉽지 않다. 그저 가능한 한 오랫동안 생존하면서 그 변화를 지켜볼 수밖에….

CHAPTER 2

디지털 세상과 아날로그 세상

디지털 세상/돼지털 세상

흔히들 수면 위에 떠 있는 빙산을 '빙산의 일각'이라고 말한다. 이는 눈에 보이지 않는 수면 밑에 숨어있는 빙산이 수면 위에 떠 있는 빙산보다 훨씬 크기 때문이다. 그런 점에서 볼 때, 눈에 보이는 빙산의 일각만으로 빙산 전체의 크기를 판단하는 것은 매우 큰 오류를 범할 수 있다.

이 빙산의 일각은 우리가 매일 사용하고 있는 앱과 매우 유사하다. 사람들은 대부분 자신이 선호하는 앱을 스마트폰이나 아이패드와 같은 디지털 디바이스에 설치하여 카톡으로 커뮤니케이션을 하거나 넷플릭스를 통해 영화를 보거나 리니지나 배틀그라운드와 같은 게임을 하거나 모바일 뱅킹을 통해 금융 거래를 한다.

그렇다면 사람들은 과연 일반적으로 몇 개의 앱을 디지털 디바이스에 설치하고 사용을 할까? 어느 디지털 마케팅 기업이 한·미·일 3국의 스마트폰 사용자들을 대상으로 조사한 결과 이들은 평균 84개의 앱을 스마트폰에 설치하고 한 달 평균 30개의 앱을 사용하는 것으로

나타났다. 세 나라 가운데 앱 이용률이 가장 높은 것은 한국으로, 평균 102개의 앱을 설치하고 한 달 평균 39개의 앱을 사용하는 것으로 확인되었다.

그런데 앱 이용률이 가장 높은 한국인이 평균적으로 설치한 102개의 앱 숫자는 말 그대로 빙산의 일각에 지나지 않는다. 애플의 앱스토어나 구글의 플레이스토어에 등록된 앱 전체의 수는 상상을 초월할 정도로 많기 때문이다. 다시 말해 거대한 앱 생태계에서 매일 수많은 새로운 앱이 등장하고 사라지고 있기 때문에 스마트폰에 설치된 앱만을 보고 지구상에 존재하는 앱의 수를 상상하는 것은 마치 눈에 보이는 빙산의 일각만을 보고 빙산 전체의 크기를 상상하는 것과 같은 이치이다.

2010년 전후로 세상에 등장하기 시작한 앱들은 모바일 혁명, 디지털 혁명을 불러일으키며 세상을 바꾸어 놓으면서 디지털 세상을 열었다. 200g 정도 무게의 스마트폰 하나만 가지고 있으면 이 세상에 존재하는 거의 모든 전자제품의 기능을 사용할 수 있고, 거의 모든 산업 분야의 다양한 서비스를 받을 수 있다.

이제는 샤프의 전자사전을 살 필요가 없고, 소니의 워크맨 카세트도 필요 없으며, 닌텐도 게임기도 더 이상 선망의 대상이 아니다. 냉장고와 세탁기를 제외한 거의 모든 전자제품, 다시 말해 전화기, 전자시계, TV, 라디오, 녹음기, 전자계산기, 카메라, VCR이 모두 6인치 내외의 스마트폰 안으로 들어가 버렸다. 게다가 은행, 증권, 보험 등 모든 금융기관도 스마트폰 안으로 들어갔고, 심지어는 극장까지도 스마트폰 안에 존재하는 세상이 되었다. 바야흐로 디지털 세상이 도래한 것이다.

디지털 세상은 언제부터 우리 곁에 왔으며, 또 어떻게 진화해 왔을까? 지금부터 23년 전인 2001년 LG전자의 모바일폰 TV 광고를 보면 그때가 초기 디지털 세상의 도래가 아닐까 생각된다. 광고의 내용은, 퇴근하면서 시장에 들른 남자가 집에 있는 아내와 영상 통화하면서 생선을 영상으로 보여주며 어떤 생선을 고를까 상의를 한다. 이를 신기한 듯 바라보던 주인 할머니가 그게 무엇이냐고 남자에게 묻자, 남자는 "디지털 세상이잖아요~"라고 답한다. 처음 듣는 용어에 의아

한 할머니는 눈을 동그랗게 뜨면서 "뭔 돼지털?"이라고 말해 시청자에게 웃음을 주었던 광고였다.

그때의 디지털 세상과 23년이 지난 지금의 디지털 세상은 천지가 개벽했을 만큼 차이가 있다. 현재의 우리는 어떤 디지털 하루를 보내고 있을까? 스마트폰의 알람 소리에 눈을 뜨고, 인공지능 스피커에게 오늘의 날씨를 묻고 출근할 옷을 준비한다. 배달 앱으로 주문한 아침을 먹으면서 카카오 택시를 앱으로 예약한다. 출근하면서는 택시 안에서 넷플릭스로 어제 보지 못한 드라마를 본 후 구글 캘린더를 보면서 하루 일정을 확인한다.

출근해서는 이메일을 확인하고 고객과 비대면 온라인 미팅을 마

치고 카톡 SNS로 점심 약속을 한다. 점심을 먹고 카카오 페이로 더치 페이하고 남은 점심시간에 모바일 주식 앱으로 테슬라 주식을 처분한다. 퇴근하면서 지하철에서 멜론 앱을 통해 음악을 들으며 모바일 뱅킹으로 부모님에게 용돈을 보낸다. 스타벅스 앱을 통해 집 앞 스타벅스에 커피를 예약 주문하고 집에 들어가면서 커피를 찾아간다.

저녁을 먹은 후 메타버스 제페토를 방문해 현대 소나타 신차 가상 시승 체험을 한 후 잠자리에 들며 인공지능 스피커에게 말한다.

"헤이 구글! 전등 끄고, 조용한 음악 들어줘…"

23년의 변화가 그저 놀라울 뿐이다. 앞으로 23년 뒤에 우리는 과연 어떤 디지털 세상을 살고 있을까?

디지털 계급사회

역사상 인류가 탄생한 이래로 계급사회가 없었던 시대가 과연 한 번이라도 존재하였을까? 이 질문에 대한 답은 아마도 "없다"가 정답일 것이다. 인류의 전 역사를 통틀어 고대시대의 노예사회, 중세시대의 봉건사회를 거쳐 근대의 자본주의 사회에서도 지배계급과 피지배계급의 계급사회는 필연적으로 존재했기 때문이다. 계급이 없었다고 생각되는 선사시대의 원시 공동 사회마저도 한 인간 집단이 다른 인간 집단을 지배하게 되어 자연스럽게 계급이 발생되었고 그런 원시공동체가 붕괴되면서 계급사회가 형성되었다.

대표적인 신분 계급사회로는 인도의 카스트제도를 들 수 있다. 이것은 BC 1500년경 인더스강으로 침입한 아리안족이 인도에 먼저 살고 있던 다른 종족들을 정복하여 자기들의 왕조를 건설하고 여러 다른 인종의 신분을 4계급으로 나누어 정착시킨 제도이다. 높은 계급부터 순차적으로 승려계급인 브라만, 왕족·군인계급인 크샤트리아, 서민계급인 바이샤, 노예계급인 수드라가 그것이다.

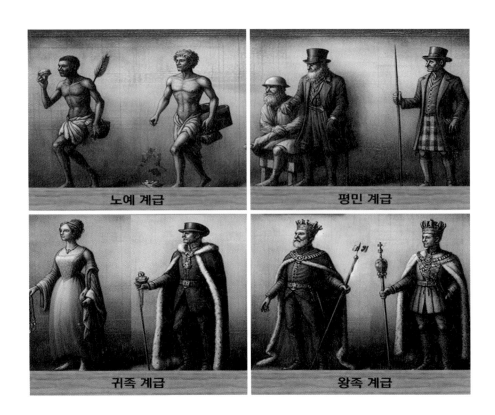

노예 계급   평민 계급

귀족 계급   왕족 계급

힌두경전 〈리그베다〉에 따르면 우주의 본질을 상징하는 거대한 신 푸르샤가 자신을 희생하여 인류를 창조하였는데 입은 브라만이 되었고 팔은 크샤트리아가 되었으며, 바이샤는 허벅지에서 그리고 수드라는 두 발에서 탄생하였다고 한다. 지금은 법으로 금지되어 있지만, 인도에는 아직도 계급이 다른 계층과의 혼인을 금하고 이름에서도 신분에 따라 차이를 두며 아무리 돈을 많이 벌거나 높은 교육을 받고 학위를 수여받아도 신분이 높은 카스트가 될 수 없는 관습이 여전히 남아 있다.

한편, 조선시대에 왕족, 양반, 평민, 노비의 계급제도를 가졌던 우리도 비록 인터넷상에서 떠도는 이야기지만 요즘 부모의 부의 정도에 따라 금수저, 은수저, 흙수저로 분류되는 신 계급사회가 형성되어 씁쓸한 웃음을 짓게 한다. 게다가 사는 지역과 아파트 브랜드에 따라 황족, 왕족, 중앙 호족, 지방 호족, 중인, 평민, 노비, 가축 등으로 분류된다고 하니 새로운 형태의 현대판 대한민국 카스트제도가 시작된 것이 아닌가 생각된다.

평등할 것만 같은 디지털 사회에서도 과연 계급은 존재할까? 세상에 예외 없는 법칙은 없듯이 당연히 디지털 사회에도 계급은 존재한다. 봉건주의 사회에서는 신분과 권력에 의해 계급이 정해지고 자본주의 사회에서는 부의 크기에 따라 계급이 정해지지만, 디지털 사회에서는 디지털 기기와 첨단 기술의 숙련도에 따라 계급이 정해진다.

일반적으로 디지털 계급은 연령별 세대와는 반비례한다. 디지털 사회에서 가장 높은 계급은 디지털 원주민Digital Native이다. 이들은 태어날 때부터 디지털 기기와 친숙한 세대로 대부분 MZ세대가 여기에 해당한다. 그다음 계급은 디지털 정착민Digital Settler으로 주로 Y세대나 늦은 X세대이다. 5060세대인 빠른 X세대나 베이비부머 세대는 일반적으로 디지털 이주민Digital Immigrant 계급에 속하고, 그 이전의 노령세대는 디지털 사회에서 가장 낮은 계급인 디지털 외계인Digital Foreigner에 속하는 경우가 대부분이다.

그렇다면 디지털 계급이 낮은 사람들은 어떤 불이익이나 불편함이 있을까? 카카오 택시 앱을 쓸 줄 모르는 사람은 길거리에서 하염없이 빈 택시가 나타나기를 기다려야 하고, 모바일 뱅킹을 할 줄 모르

Digital 계급

Digital Foreigner (디지털 외계인) Digital Immigrant (디지털 이주민)

Digital Settler (디지털 정착민) Digital Native (디지털 원주민)

는 사람은 송금할 때마다 불편함을 무릅쓰고 매번 은행 창구로 가야 하며, 배달 앱을 사용할 줄 모르는 사람은 매번 전화로 짜장면만 주문 해 먹어야 한다. 이외에도 이들은 디지털 사회에서 수많은 불편함과 상대적 불이익을 받을 수밖에 없다. 특히 코로나 시대에 모든 사회 경 제 문화적 활동이 비대면으로 전환됨에 따라 디지털 계급이 낮은 사 람들은 이미 이런 불편함과 불이익을 많이 경험했다. 따라서 이들은 하루빨리 디지털 계급을 높여야 한다.

다행히도 디지털 사회에서는 카스트제도와는 달리 디지털 신분 상승을 허락한다. 디지털 사회에서 모든 디지털 계급이 궁극적으로 추구하는 최상위 계급은 디지털 사비Digital Savvy이다. 사비Savvy의 사전적 의미는 '정통하다' 또는 '능숙하다'라는 뜻으로 디지털 사비는 디지털 기기나 첨단 기술에 능통한 사람을 지칭한다. 이 디지털 사비는 연령별 세대와 관계없이 본인의 의지와 노력에 따라 누구든지 될 수 있다. 즉, 디지털 원주민뿐만 아니라 디지털 외계인도 노력 여하에 따라 모두 디지털 사비가 될 수 있다.

우리는 주변에서 많은 80대, 90대 유튜버나 디지털 기기를 능숙하게 다루는 고령자를 만날 수 있다. 그들은 고령의 나이와 신체적 어려움 그리고 신기술 습득의 장애물을 극복하고 디지털 사비가 되었고, 어떤 부분에 있어서는 디지털 원주민보다 더 디지털 사비가 된 사람들도 있다.

현대사회에서 세상은 어쩔 수 없이 디지털로 변할 수밖에 없다. 많은 것들이 갈수록 더 모바일화되고 자동화되고 인공지능화될 것이다. 이제 더 이상 나이를 핑계로, 귀찮음을 핑계로 자신의 디지털 계급을 고수해서는 안 된다. 세상을 큰 불편 없이 살아가기 위해서는 디지털 사비까지는 아니더라도 하루빨리 디지털 세상에 익숙해져야 한다.

As Freedom is not free, Digital freedom is not free as well.

자유를 공짜로 얻을 수 없듯이 디지털 계급 신분 상승도 공짜로 얻을 수는 없다.

디지로그

메타버스, 블록체인, 인공지능, 빅데이터, 클라우드, 가상현실, 증강현실, 비트코인, 핀테크, 6G, 사물인터넷, 로봇, 드론 등 요즘 화두는 온통 디지털에 관한 것이다. 그런데 우리가 매일 접하며 듣고 있어서 매우 익숙하고 이미 다 알고 있을 것 같은 단어인 '디지털'이란 과연 무엇일까?

디지털은 숫자 0과 1로만 구성된 이진법에서 0과 1만 가지고 모든 사물을 표시하는 방식을 말한다. 이때 0과 1의 한 단위를 비트[bit]라고 하고, 8bit를 1바이트[byte]라고 한다. 컴퓨터의 세상에서는 이 byte로 현실 세계의 모든 숫자와 문자를 표시한다. 영어 Digital의 어원은 라틴어로 손가락을 가리키는 Digitus인데 손가락은 숫자를 셀 때도 사용하므로 여기에서 착안하여 디지털이라고 명명한 것 같다.

디지털 가상화폐 비트코인도 2진수 단위인 비트와 동전을 의미하는 코인을 합성하여 만든 용어이다. 컴퓨터가 발명되면서 컴퓨터 표현 방식인 디지털이라는 용어가 3차 산업혁명의 정보화 시대를 거

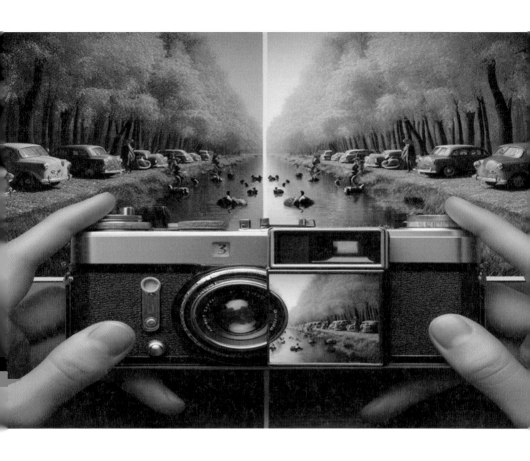

처 4차 산업혁명의 슈퍼 스마트 사회에 들어서면서 단순히 컴퓨터 표현 방식만을 지칭하는 것이 아니라 제반 디지털 관련 기술, 산업, 서비스, 문화 등 시대적 상황을 통칭하는 용어가 되었다.

이런 디지털에 대칭되는 용어는 '아날로그'다. 아날로그의 사전적 정의는 어떤 수치를 숫자가 아닌 연속적인 물리량으로 나타내는 것이다. 즉, 시간을 숫자가 아닌 시계바늘로 표시하거나 온도를 수은주의 길이로 나타내는 방식을 말한다. 또한 아날로그는 디지털로 대변되는 컴퓨터 세계에 반해 우리가 사는 현실 세계를 의미하기도 한다.

    디지털 혁명은 아날로그 세상의 물질을 디지털로 전환하기 때문에 디지털의 모태는 바로 아날로그 세상이다. 따라서 디지털 혁명을 A2B$^{Atom\ to\ Bit}$라고 한다. 컴퓨터 디지털 세상에서의 모든 정보는 최소 단위인 bit로 이루어졌듯이 현실의 아날로그 세상은 모두 물질로 구성되어 있고 이 물질의 최소단위는 원자^{Atom}이기 때문에 디지털 전환은 아날로그 세상의 원자^{Atom}를 디지털 세상의 비트^{Bit}로 전환하는 것을 말한다. 이렇게 디지털로 전환된 아날로그 물질을 '디지털 트윈'이라고 부른다.

    일반적으로 '디지털' 하면 미래지향적, 냉철한 이성, 차가운 두뇌, 혁신적, 과학, 기술, 가상세계와 같은 단어들이 연상된다. 반면에 '아날로그' 하면 과거의 향수, 부드러운 감성, 따뜻한 심장, 낭만적, 인문학, 예술, 현실 세계와 같은 디지털의 연상 단어와는 정반대 개념의 단어가 떠오른다.

    그렇다면 디지털 세계에서는 냉철한 논리뿐 아니라 따뜻한 감정은 존재할 수 없는 것일까? 위에서 언급했듯이 디지털의 모태는 아날로그 세상이다. 모든 디지털 트윈은 아날로그의 원자^{Atom}에서 전환된 디지털 비트^{Bit}로 구성되기 때문에 당연히 아날로그의 감성이나 낭만도 디지털 세계에 존재할 수 있다. 이렇게 디지털 기술에 아날로그적 감성을 입힌 것을 '디지로그^{Digilog}'라고 하고 이 신조어는 디지털과 아날로그의 합성어이다.

    혁신적인 디지털 기술만으로는 21세기 4차 산업혁명 시대를 지배할 수 없다는 시장의 깨달음이 디지로그를 탄생시켰다. 이제 시장에서도 디지털이 제대로 작동하려면 아날로그가 존중되고 풍부해져야만 한다는 인식이 확산되고, 가장 좋은 디지털이란 역시 감성적이고 따뜻하며 인간적이어야 한다는 생각이 주류를 이루고 있다.

스마트폰이나 태블릿으로 사진을 찍을 때 찰칵 소리를 나게 하거나 전자펜으로 디스플레이에 직접 문자를 쓸 수 있게 하거나 최첨단 자동차의 방향지시등을 켰을 때 운전자가 가장 듣기 좋아하는 소리를 내게 하는 것 등이 대표적인 디지로그의 예이다. 이렇듯 인간의 오감을 디지털 기기에 융합시킴으로써 소비자로 하여금 아날로그적 향수를 불러일으키게 만들어 제품의 경쟁력을 높이는 것이 디지로그의 목적이다.

한국의 대표적인 지식인 아이콘 이어령 교수는 벌써 18년 전인 2006년에 이 새로운 패러다임의 도래를 예측하고 〈디지로그〉란 책을 출간하였다. 이 책의 내용 중에 이런 문구들이 있다.

"전화도 인터넷도 없던 시절 한국인들은 시루떡을 돌리는 방법으로 온 동네에 정보를 알렸다. 디지털 정보는 컴퓨터 칩을 타고 오지만 시루떡 아날로그 정보는 꼬불꼬불한 논두렁길을 타고 온다. 그래서 그것은 화려한 106화음이나 음침한 진동음으로 울리는 휴대전화 소리와는 다른 정취가 있다. 먼 데서 짖던 동네 개들의 소리가 점점 가까워지다가 사립문 여는 소리로 바뀌면 시루떡에 실려온 정보가 방안으로 들어온다."

　"인터넷 시대의 디지털 정보가 차가우면 차가울수록, 아파트의 생활이 황량할수록 따뜻하고 행복한 시루떡 돌리기와 같은 아날로그 정보의 기억이 선명하게 떠오른다. 그래서 이따금 우리는 어린 시절에 듣던 '웬 떡이냐'의 환청을 듣는다."

　이런 정서를 가진 한국인에게는 특히나 디지로그가 더욱 필요한 이유다. 그리고 디지털 시대에 대한민국이 더욱 경쟁력을 갖는 이유이기도 하다. 바야흐로 낭만 테크놀로지 시대가 성큼 다가왔다.

디지털 삼국지 : Walker, Runner, Flyer

극동아시아 3국, 한국·중국·일본은 지정학적으로 가까이 위치해 있기 때문에 수천 년 동안 대립과 협력을 서로 반복해 가면서 살아왔다. 반도 국가인 우리나라는 바다로 남진하려는 중국과 아시아 대륙으로 북상하려는 일본 사이에서 오랜 세월 동안 수많은 시련을 겪었다. 특히 20세기에 들어 일제 강점기와 6·25전쟁을 겪으면서 최악의 상황을 맞아 1950년대 말까지는 지구상에서 가장 못사는 나라였다. 이 시기에 극동아시아의 패권은 군사적으로나 경제적으로나 일본이 차지하였다.

제2차 세계대전 패전국인 일본은 1950년 한국전쟁 특수와 토요타 방식과 같은 일본 특유의 효율적인 경제 전략 및 투자 그리고 근면성과 높은 저축률을 바탕으로 1980년대 말까지 엄청난 경제 성장을 이루었다. 당시 도쿄 땅만 팔아도 미국 전체를 살 수 있다고 할 정도로 호황을 누렸다. 그러나 1990년대 들어 주가와 부동산이 폭락하면서 경제의 거품이 꺼지고, 변화를 싫어하고 개혁과 혁신을 꺼려하는

국민성까지 겹쳐 지금까지 경기 침체의 늪에서 벗어나지 못하고 있다. 이를 두고 일본의 '잃어버린 30년'이라고 부른다.

　한편 6·25전쟁 이후 폐허에서 1960년대부터 경제개발 5개년 계획을 시작한 한국은 1970년대에 경제 성장의 기초를 다지고 1980년대 들어서 반도체, 자동차, 조선, 철강, 건설 등 기간산업 분야에서 비약적인 경제 성장을 이루어 '한강의 기적'이라는 성공신화를 창조했다. 그 후 20세기 말 IMF라는 초유의 경제 위기를 맞기도 했지만 전 국민이 합심해 이를 극복했고, 21세기에 들어서도 기업의 과감한 투자 및 기술 개발 그리고 역동적인 국민성을 바탕으로 경제를 발전시켜 전쟁 직후인 1953년 67달러였던 1인당 국민소득을 1980년 5,528달러로, 2000년 1만841달러로 그리고 2020년 3만1,755달러로 성장시켜 마침내 1인당 국민소득 3만불 시대를 열었다.

1980년대까지 중국은 '자신의 재능이나 명성을 드러내지 않고 실력을 키운다'라는 뜻의 도광양회韜光養晦를 대외정책으로 삼고 14억 인구를 바탕으로 조용히 경제 발전을 준비했고, 1990년대부터는 더 이상 자신의 힘을 숨기지 않고 거침없이 공세적 외교를 펴는 대국외교大國外交의 정책을 추진하며 적극적으로 자본주의 경제를 도입하여 경제를 성장시켰다. 이후 2000년대에 들어서는 '대국이 일어선다'는 대국굴기大國崛起 정책을 표방하면서 드러내놓고 세계 1위의 경제 대국인 미국에 도전장을 던졌다.

4차 산업혁명 시대인 2010년대에 들어서자 세계 경제의 패권은 누가 더 빠른 디지털과 혁신의 속도를 갖느냐에 달려있게 되었다. 이 시기에 극동아시아 3국 또한 디지털 패권을 가지기 위해 치열한 디지털 혁신 전쟁을 시작하게 되었다.

4차 산업혁명 시대를 맞아 6G, 인공지능, 사물인터넷 등 빛의 속도로 변해가는 시대에 일본은 아직도 팩스 없이는 행정 사무를 볼 수 없고, 신용 카드를 하나 만드는데 기본적으로 한두 달이 소요되고, 현금 거래 비율이 80%나 되며, 인감등록을 반드시 도장으로 해야 한다는 법을 가지고 있는 세계 유일의 나라이다.

1970년대 세계 2위의 경제대국으로 하늘을 날았던 일본은 1980년대에 달리는 속도로 떨어졌고, 1990년대 들어 서서히 걷기 시작했으며 2020년대인 현재까지도 계속 걷고 있다. 부자가 망해도 3대는 간다고 그나마 튼튼한 기초과학과 성실하고 근면한 국민성으로 버티

고 있지만, 지금은 마치 녹아내리는 아이스크림과도 같은 상황이다. 엄청난 속도로 빠르게 혁신하고 과감하게 변화하지 못하면 일본은 이제 디지털 시대에는 걷기는 고사하고 기어가게 될 것이다.

21세기 들어 IT 강국으로 탈바꿈한 한국은 세계 10위의 경제대국으로 성장하며 최근 개발도상국에서 선진국으로 국가 지위를 격상시켰다. 1960년대에 거의 기어가기도 힘들었던 한국은 1970년대부터 걷기 시작했고, 1980년대부터 달리기 시작하여 지금은 최고의 속도로 달리고 있다. 그리고 이제 하늘을 향해 비상하려고 하지만 상황은 그리 녹록지 않다.

디지털 대전환을 위해서는 정치, 경제, 사회, 문화 등 제반 분야에서 총력을 기울여야 하지만 아직도 많은 규제들이 디지털 전환의 발목을 잡고 있고, 현재 세계 최고 수준의 디지털 혁신 속도를 가지고 있지도 못한다. 앞으로 4~5년간의 디지털 전환 추진력의 속도가 한국을 지상에서 하늘로 날아오르게 할지 아니면 계속 지상에 머물러 있게 할지 결정하게 될 것이다.

21세기 초반까지만 해도 죽의 장막 속에 갇혀 모든 것이 낙후된 나라로 치부되던 중국은 2008년 베이징 올림픽을 전환점으로 대변혁을 일으킨다. 체면불고하고 선진국 제품을 그대로 베끼고 지적소유권도 무시한 채 첨단 기술을 도용하던 중국은 2010년대 들어서는 싸고 저질인 중국 제품의 품질이 기대하지도 않았는데 나름 쓸 만해졌다는 '대륙의 실수'라는 우스갯소리를 들으며 가파르게 경제를 성장시켰다.

14억 소비자 인구를 무기로 자국 제품의 자생력을 키웠고, 경쟁국 기업에 무리한 요구를 하면서 첨단 기술 개발에 박차를 가했다. 특히 디지털 전환의 속도는 세계 그 어떤 나라보다 빠르게 진행되어 4차 산업혁명 시대의 강자로 떠올랐다. 중국 IT 삼총사라 불리는 'BAT'는 중국의 구글 바이두^{Baidu}, 중국의 아마존 알리바바^{Alibaba} 그리고 중국의 카카오 텐센트^{Tencent}를 지칭하는데 알리바바와 텐센트는 세계 시가총액 최상위 그룹에 포함되어 있다.

8년 전 2016년에 중국 출장을 가서 겪었던 동료의 경험담이 새삼 떠오른다. 중국 자금성 앞에서 구걸하던 거지가 동료에게 적선을 요구해 "I have no cash"라고 말하는 그에게 QR 코드를 내밀며 전자 이체를 요구했다던 얘기가 그저 우스갯소리가 아니고 당시 중국의 디지털 혁신의 속도였던 것이다. 그로부터 8년이 지난 2024년 현재 디지털 시대에 예상대로 중국은 이미 하늘을 날고 있다.

　앞으로 8년 후에는 극동아시아 3국 중 어느 나라가 날고 있으며, 어느 나라가 뛰고, 어느 나라가 걷고 있을까? 바야흐로 극동아시아 3국의 디지털 혁신 전쟁이 시작되었다. 어떤 디지털 삼국지의 새로운 역사가 쓰이게 될지 사뭇 궁금해진다.

디지털 시대의 Full-Stack 인재

예전에는 한 가지만 잘 해도 먹고 사는 데 지장이 없었다. 즉, 어느 특정한 Vertical Special Knowledge 하나만 전문가 수준이 되면 그 분야에서 나름 인재로 대접을 받으면서 커리어를 쌓아갈 수 있었다. 따라서 그때는 굳이 여러 분야의 지식을 어렵게 습득할 필요 없이 한 우물만 파도 성공할 수 있었다.

이렇게 한 가지 특정 Vertical Special Knowledge를 가진 인재를 'I자형 인재'라고 한다. 그러나 세상이 복잡해지면서 한 가지 전공 분야뿐 아니라 다른 분야에 대한 기본적인 지식과 유사시 문제 해결 능력을 갖춘 인재를 필요로 하기 시작했다. 즉, Generalist와 Specialist의 특성을 모두 보유한 사람이 각광을 받기 시작했다.

이런 인재를 'T자형 인재'라고 지칭했다. 예를 들어 폭넓은 인문 학적 지식과 깊은 과학기술적 지식을 보유한 사람이 T자형 인재에 해당된다. 이런 사람을 융합형 인재라고도 부르는데 이 시대에 대한민국 최고의 지성으로 불리는 이어령 교수가 대표적인 T자형 인재라고

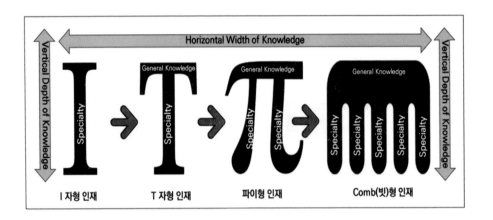

할 수 있다. 이어령 교수는 인문학적 감성과 과학적 이성 모두를 겸비한 사람이었다. 그의 아내는 그를 일컬어 '시인과 수학자가 동거하는 희귀한 인물'이라고 표현했다고 한다.

21세기에 들어서면서 이런 T자형 인재도 모자라 세상은 최소 2개의 전공 분야를 가진 인재를 필요로 하기 시작했다. 이런 인재를 '파이^{n}형 인재'라고 한다. VUCA 시대가 도래함에 따라 모든 것의 변동성이Volatility 더욱 높아지고 불확실해지며Uncertainty 복잡해지고Complexity 애매해져Ambiguity 감에 따라 시대가 필요로 하는 인재상에 대한 눈높이도 더욱 높아졌다.

현재 미국 프로야구 메이저리그에서 최고의 선수는 일본의 오타니 쇼헤이다. 그는 2023년 메이저리그 MVP 투표에서 1위표 30장을 싹쓸이하면서 만장일치로 MVP로 선정되었다. 이는 2021년에 이은 두 번째 쾌거로 역대 메이저리그를 통해서 한 선수가 두 번 이상 만장일치로 MVP로 선정된 첫 번째 사례이다. 참으로 대단한 업적이 아닐 수 없다.

오타니 쇼헤이는 두 개의 칼을 잘 쓴다는 '이도류二刀流'라고 불리면서 야구에서 투수와 타자로서 각각 최고의 실력을 보유하고 있다. 그는 2023년 타자로서 타율 3할4리, 44홈런, 95타점, 102득점, 20도루, 투수로서 10승, 평균 자책점 3.14, 167탈삼진을 기록했다. 그는 팔꿈치 인대 파열로 시즌을 조기 마감했음에도 불구하고 엄청난 성적을 올려서 만장일치로 MVP가 되었다.

그는 훌륭한 인성과 성품을 보유하여 훌륭한 Generalist의 품격을 갖추었고, 야구라는 자신의 전문 분야에서 투수와 타자로서 최고의 성적을 올려 최고 수준의 Specialist의 자격을 갖춘 완벽한 파이형 인재라고 할 수 있다.

I자형 인재와 T자형 인재 그리고 파이형 인재를 거쳐 2015년 이후 4차 산업혁명 시대가 시작되면서 이제는 한두 개의 전문지식도 모자라 여러 개의 Specialty를 가진 다재다능한 인재를 필요로 하기 시작했다. 예를 들어 IT 업계에서 소프트웨어 개발을 할 때 예전에는 업무분석가Business Analysist, UI/UX 디자이너, 프로그램 개발자, 테스터 등 역할이 나누어져 제각각 하는 일이 달랐는데, 모바일 앱 생태계가 대세를 이루면서 이제는 이 모든 것을 한꺼번에 다 잘 할 수 있는 인재를 찾기 시작했다.

이런 화장된 융합형 인재가 요구되는 이유는 산업과 산업이 융합하고 기술과 기술이 융합하고 또 기술과 산업이 융합하면서, 보다 다방면의 Specialty를 두루 갖춘 'Comb(빗)형 인재'를 고용하여 고객과 시장의 변화에 더욱 민첩하게 대응하기 위해서다. 미국 실리콘 밸리에서는 요즘 엄청난 연봉을 조건으로 이런 Comb형 인재를 영입하는 데 총력을 기울이고 있다고 한다.

그런데 사람이 영화 속의 슈퍼맨도 아니고 어떻게 Comb형 인재가 될 수 있을까? 물론 7개 국어를 자유자재로 하는 사람이 있듯이 사람의 노력에 따라 여러 가지 전문 Specialty를 보유할 수 있을 것이다. 그러나 최근 이런 Comb형 인재가 더욱 많아지는 이유는 바로 인공지능 기술의 발달이라 할 수 있다. 특히 챗GPT와 같은 생성형 인공지능의 등장은 다수의 Comb형 인재 배출에 엄청난 영향을 끼치고 있다.

사람들은 챗GPT를 사용함으로써 자료조사나 외국어 번역 등 엄청난 시간을 절감할 수 있게 되었고, 심지어 컴퓨터 프로그래밍뿐 아니라 전문 분야 디자인 그리고 작곡, 글쓰기, 그림 그리기와 같은 창작 영역에서도 챗GPT를 사용하기 시작했다.

앞으로는 어떻게 챗GPT를 사용하느냐에 따라 Comb형 인재가 되는 시간을 단축시킬 수도 있을 것이다. 아이러니하게도 챗GPT를 잘 사용하는 기술이 또 하나의 Comb형 인재의 Specialty가 될 수도 있겠다는 생각이 든다.

이렇듯 4차 산업혁명의 기술이 빛의 속도로 발전하고, 국제 사회 현상이 변동성이 많고 불확실하고 복잡하며 애매해지고[VUCA], MZ세대·Zalpha세대와 같은 새로운 생각을 가진 세대들이 경제 사회의 주체가 되는 현대사회가 요구하는 인재상은 시시각각 변하고 또 예측하기가 쉽지 않다.

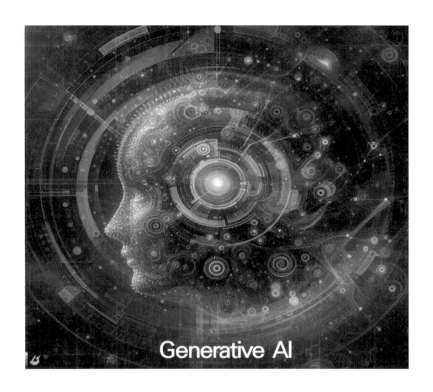

Generative AI

그러나 아무리 시대가 변하고 새로운 인재상을 필요로 한다지만 우리가 반드시 알아야 할 것이 있다. 디지털 시대를 맞이하여 다양한 일반 상식을 가진 Generalist가 되는 동시에 한 가지도 아닌 여러 방면의 전문 기술을 가진 Specialist가 되어 Comb형 인재가 되는 것도 중요하지만, 우리는 일반 상식이 풍부한 Generalist나 특정 전문지식을 가진 Specialist보다 먼저 가슴이 따뜻한 Heartist가 되어야 할 것이다. 인공지능과 같은 다양한 능력을 가진 Comb형 인공인간이 되는 것보다 먼저 인간으로서 가져야 할 것들을 가져야 하는 것이 더 중요하기 때문이다.

CHAPTER 3

Big Tech의 혁신 전쟁

애플 vs. 아마존

21세기 들어 국내외 어느 기업을 막론하고 혁신을 외치지 않는 기업은 없다. 특히 2010년 이후에는 모든 기업들이 더욱 혁신적 기업을 추구하고 있다. 그런데 왜 기업들은 모두 하나같이 혁신을 외치고 있을까? 그것은 현대사회에 있어서는 기업의 혁신지수가 바로 그 기업의 가치와 직결되기 때문이다. 따라서 단순 마케팅 메시지를 위한 혁신이든 진정한 기업의 Transformation을 위한 혁신이든 모든 기업은 자사가 가장 혁신적인 기업이라고 주장하고 있다. 그렇다면 과연 혁신이란 무엇일까?

가장 혁신적인 기업가로 손꼽히는 애플의 스티브 잡스는 "혁신은 변화를 위기가 아닌 기회로 보는 능력이다"라고 정의하였다. 또한 "혁신은 승리할 수 있는 유일한 방법"이라고 했으며 "혁신은 리더와 팔로워를 구별한다"고 했다. 그리고 "혁신은 1,000가지에 대해 No라고 말하는 것이다"라고 주장하였다. 이를 실천하여 애플을 세계 최고의 혁신적인 기업으로 탈바꿈시켰다.

스티브 잡스는 애플의 모토를 "Think Different"로 정하고 기존의 방식이 아닌 전혀 새로운 방식으로 제품을 개발하고 세상에 존재하지 않던 거대한 앱 생태계를 창출했다. 그가 가장 혁신적인 기업가로 칭송받는 이유는 단순히 I-Phone, I-Pad와 같은 명품 I시리즈 제품을 개발해서가 아니라 iOS플랫폼과 app store를 통해 전 세계의 모든 일반 사용자와 앱 개발자, 컨텐츠 오너, SW플랫폼 기업, 이동통신 사업자MNO 그리고 심지어는 모바일 기기 액세서리 제조업자까지 아우르는 거대한 새로운 앱 생태계를 창출했기 때문이다. 이 생태계는 인종과 국경, 연령 그리고 시간의 장벽까지 초월한 전혀 새로운 세상을 열게 하였다.

스티브 잡스는 "자신이 세상을 바꿀 수 있다고 생각하는 미친 사

람만이 세상을 바꿀 수 있다"라고 말했으며 또 스스로 그렇게 실천하
여 이 세상을 완전히 바꾸어 놓았다. 스티브 잡스의 혁신이 없었더라
면 아마 우리는 지금 유튜브로 수많은 컨텐츠를 감상하지 못하고 있
을 수도, 카카오톡으로 가족·친구들과 채팅하지 못하고 있을 수도,
에어비앤비로 간편하게 여행 계획을 세우지 못하고 있을지도 모른다.
이것이 애플이 다른 어떤 혁신기업들보다 차원이 다른 혁신기업으로
여겨지는 이유이다.

　스티브 잡스가 2011년 사망한 이후 가장 혁신적인 사업가로 사

람들은 아마존의 제프 베조스와 테슬라의 일론 머스크를 꼽는다. 특히 제프 베조스는 스티브 잡스와 같은 듯 다른 혁신 방식으로 아마존을 변신시켰다. 제프 베조스 혁신의 핵심은 고객에 있다. 그는 아마존의 비전을 지구상에서 가장 고객 중심적 회사가 되는 것으로To be earth's the most customer centric company 정하고, 모든 혁신의 궁극적 지향점을 고객에게 맞추었다. 그리고 혁신 공식을 만들어 아마존의 모든 조직Organization, 구조Architecture, 체계Mechanism 그리고 문화를Culture 고객 지향적으로 개조했다.

그 유명한 혁신 공식은 $F(Innovation) = (Organization \times Architecture)^{(Mechanism \times Culture)}$이다. 조직Organization은 고객의 니즈에 빠르게 대응하고 빠르고 잦은 실패를 장려하기 위해 소규모 단위 조직인 '2Pizza 팀'을 구성하였다. 그것은 민첩한Agile 조직의 크기는 피자 2판 정도를 먹을 수 있는 규모가 적당하다고 해서 붙여진 이름이다.

구조Architecture는 수천 명의 직원들이 과감히 실험을 하게 하고 동시에 프로젝트를 수행할 수 있도록 강력한 셀프서비스 플랫폼을 구축하였는데, 이것이 지금의 AWS의 모태가 된 클라우드 시스템이다.

체계Mechanism는 거꾸로 일하는 방식Working Backward을 채택하였는데, 이는 고객이 원하는 궁극적인 목표를 먼저 선정하고 이것을 달성하는데 걸림돌이 되는 법규, 비용, 기술 등의 제반 문제점을 과감하게 해결하는 방식이다. 즉, 안 되는 이유를 핑계로 포기하는 것이 아니라 안 되는 것을 될 수 있도록 해결점을 찾는 방식이다.

마지막으로, 문화Culture는 Customer Obsession을 필두로 Invent

& Simplify, Think Big, Frugality 등과 같은 14가지 Leadership 원칙을 선정하고 조직의 DNA로 이식시켜 그들의 혁신 공식을 완성해 나가고 있다.

특히 아마존의 실패를 두려워하지 않는 실험정신은 인공지능 스피커 알렉사를 탄생시켰고, 전자책 킨들을 론칭했으며, AWS로 전 세계 클라우드 시장의 50%를 점유하였으며, 최초의 무인점포 아마존 고를 오픈하였다. 그리고 아마존의 혁신은 지금도 계속되고 있다. 아마존 고는 무인 결제를 위해 스마트폰과 앱을 사용하는데 이에 한발 더 나아가 정맥 인식 시스템을 도입하여 쇼핑객의 손만 대면 결제가 가능한 아마존 원을 2020년 10월에 공개했다. 많은 경쟁 기업에게 아마존이 두려움과 경이의 대상이 될 수밖에 없는 혁신의 속도이다. 제프 베조스가 말한 어록의 다음 내용이 의미심장하다.

"내가 만일 실패했을 때 나는 후회하지 않을 것이라는 것을 나는 안다. 그러나 그때 내가 만일 아무것도 시도하지 않았다면 나는 반드시 후회할 것임을 나는 안다."

1995년 단순히 책 전자상거래로 사업을 시작한 아마존은 끝없는 혁신으로 2024년 2월 현재 세계 시가총액 Top5 회사로 자리매김하고 있다. 그리고 스티브 잡스가 없는 애플을 따라잡기 위해 또 다른 혁신을 준비하고 있다. 애플의 팀 쿡의 대응 혁신 전략이 자못 궁금해지는 시점이다.

21세기가 시작되고 10년간은 액손과 같은 에너지 기업이 미국 주식시장을 리딩하며 시가총액 1위를 기록하였고, 그 뒤를 이어 GE

시대별 전세계 시가총액 Top 5 기업

		빅테크 기업	Non 빅테크기업

년도	1위	2위	3위	4위	5위
2001	GE 406B $	마이크로소프트 365B $	액손 272B $	씨티뱅크 261B $	월마트 260B $
2006	액손 446B $	GE 383B $	TOTAL 327B $	마이크로소프트 293B $	씨티뱅크 273B $
2011	액손 406B $	애플 376B $	Petro China 277B $	쉘 237B $	ICBC China 228B$
2016	애플 582B $	구글 556B $	마이크로소프트 452B $	아마존 363B $	페이스북 359B $
2021	애플 2,252B $	마이크로소프트 1,966B $	사우디 아람코 1,910B $	아마존 1,711B $	구글 1,538B $
2023	애플 3,010B $	마이크로소프트 2,789B $	사우디 아람코 2,133B $	구글 1,760B $	아마존 1,585B $

와 같은 제조기업, MS와 같은 IT 기업, 월마트와 같은 유통기업, 씨티은행과 같은 금융기업이 골고루 top5 시가총액 기업으로 등재하였으나, 4차 산업혁명이 시작된 2016년 이후로는 최신 기술과 혁신을 무기로 장착한 Big Tech 기업 이외에 다른 산업의 기업들은 사우디의 석유회사 Aramco를 제외하고는 시가총액 상위 기업 내에 명함조차 내밀지 못하고 있다. 게다가 사우디의 Aramco도 전 세계적인 친환경 정책으로 시가총액 상위 기업에 그리 오래 버티지는 못할 것으로 전망된다. 당분간 꽤 오랜 기간 Big Tech 기업의 강세는 지속될 전망이다.

Big Tech 기업인 GAFAM[Google-Apple-Facebook-Amazon-MS]은 당분간 그들만의 리그를 구축해 혁신 전쟁을 계속하며 Top5 내에서 서로 경쟁을 할 것이다. 5년 후, 10년 후에 어떤 기업이 시가총액 1위 기업에 등재되어 있을지, 어떤 기업이 Top5 내에 살아남아 있을지 궁금해진다. 아마도 혁신의 속도와 지속성에 그 답이 있을 것이다. 왜냐하면 혁신과 시가총액의 상관관계는 정비례하기 때문이다.

스페이스 X의 꿈

혁신에 대한 많은 정의 중에서 2020년 직원이 가장 행복한 회사 Top10에서 2위를 기록한 Hubspot의 CEO이자 창립자인 Brian Halligan이 얘기한 "혁신이란 미래를 상상하고 현실과의 Gap을 메우는 것이다 Innovation : Imagine the future and fill in the gap"라는 정의를 나는 가장 좋아한다.

140여 년 전에 이런 혁신 과정을 실천해 인류가 창공을 날 수 있게 해준 사람이 있다. 어려서부터 새가 하늘을 나는 모습을 보고 어떻게 하면 인간도 하늘을 날 수 있을까 상상하며 성장한 독일의 오토 릴리엔탈은 새의 비상 관찰을 기초로 하여 29살이 된 1877년에 첫 글라이더를 시험 제작하였고, 1891년 처음으로 사람이 탈 수 있는 글라이더를 개발하여 인간의 활공비행 시대를 개막하게 하였다.

1893년 단엽기로 15m의 인공 언덕에서 비행을 성공하였으며, 1895년에는 복엽기로 실험을 진행하였다. 이듬해인 1896년에는 발동기를 부착할 예정이었으나 안타깝게도 시험 중 추락하여 "매사에는 희생을 각오하지 않으면 안 된다"라는 말을 남기고 사망했다. 그의

미래에 대한 상상력과 그것을 이루려 했던 끝없는 도전이 없었더라면 인류의 비행 역사는 훨씬 더 늦게 시작되었을 것이다. 오토 릴리엔탈이 글라이더의 아버지 또는 인류의 날개라고 불리는 이유다.

현대에도 오토 릴리엔탈과 같이 상상을 현실로 실현하려는 많은 혁신적인 기업가가 있다. 그중에서 민간기업의 CEO로 2050년까지 100만 명의 지구인을 화성으로 이주시킨다는 공상 과학 영화에서나 나올 것 같은 사업을 발표한 사람이 있다. 그는 바로 온라인 결제 서비스 회사 페이팔, 전기 자동차 회사 테슬라 그리고 로켓 제조 및 민간 우주 기업인 스페이스 X의 창업자이자 CEO인 일론 머스크이다.

그의 이러한 사업 계획은 일반인에게는 매우 황당하게 들릴지 모

르겠지만, 사실 그의 계획은 매우 현실적이고 구체적인 데다 이미 몇 차례 시험 로켓 발사를 성공시켜 세상을 놀라게 했다. 특히 그는 민간기업의 CEO로서 상업성을 위해 로켓은 한 번 쓰고 버려야 한다는 기존의 패러다임을 바꿔 발사한 로켓을 다시 지구로 송환시켜 연료만 재충전하여 재사용한다는 아이디어를 구상했으며, 2015년에 재사용 로켓 시험발사를 성공시켜 NASA로부터 3조 원에 달하는 지원금을 약속받았다. 그리고 이젠 NASA도 국제우주정거장에 보급선을 보낼 때는 더 이상 자체 제작을 하지 않고 스페이스 X를 사용하고 있다.

일론 머스크는 2016년 국제천문총회에서 2025년까지는 화성에 사람을 보내겠다는 구체적인 마스터플랜을 발표하였고, 그 전초전으로 2023년에는 화성에 앞서 달 우주 관광사업부터 시작한다고 발표하였다. 그리고 그때 사용할 우주여행선 스타십 시제품을 만들어 시험발사를 완료했고, 또한 스타십을 타고 2023년에 민간인 최초로 달 우주여행을 할 승객도 매스컴을 통해 발표하였다.

일본 최대의 온라인 쇼핑몰 조조타운의 설립자인 마에자와 유사쿠라는 30억 달러의 자산가가 그 주인공인데, 그는 2018년에 스타십 전 좌석 티켓을 구매해서 8명의 예술가와 동행하겠다고 밝혔는데 그중에는 우리나라의 아이돌 그룹 빅뱅의 탑이 포함되어 있어 관심을 끌었다.

그러나 이러한 일론 머스크의 달여행과 화성정복에 대한 초기계획은 아쉽게도 2023년에 실현되지 못했다. 일론 머스크의 포기하지 않는 도전이 필요한 시기이다. 그가 빠른 시간에 달 우주여행 사업을 실현시킬 수 있을지, 그리고 계획된 시기에 화성에 사람을 보낼 수 있을지 귀추가 주목되는 시점이다. 그리고 그의 상상이 현실로 실현된다면 현재 비상장 기업인 스페이스 X가 상장되면 시가총액은 과연 얼마가 될지 생각만 해도 흥미진진해진다.

일론 머스크는 스페이스 X 외에도 전기자동차 회사 테슬라, 태양에너지 서비스 회사 솔라시티, 인공위성 인터넷 회사 스타링크도 보유하고 있다. 그는 스페이스 X를 통해 지구의 승객과 화물을 화성으로 운송하는 사업을 시작으로 산소가 없는 화성에서는 당연히 가솔린차를 사용할 수 없기에 테슬라의 전기자동차를 보급하고, 이 전기자동차의 에너지는 솔라시티에서 공급하고, 화성에서의 인터넷은 스타

링크를 통해 제공한다는 거대하고 치밀한 야망을 갖고 있다. 그의 야심찬 계획이 전혀 허황되게 보이지만은 않다.

이제 일론 머스크의 혁신은 지구촌이라는 한계를 뛰어넘어 우주로 그 사이즈를 넓히고 있다. 2024년 2월 테슬라의 시가총액은 600B $로 전 세계 자동차 산업 중 시가총액 1위를 기록하고 있다. 이는 기존의 자동차 회사 시가총액 1위였던 토요타의 273B $의 2배가 넘는 수치이다. 역시 혁신의 크기와 시가총액 크기의 상관관계는 어김없이 정비례이다.

테슬라 전기자동차가 화성에서 질주하게 되는 날 테슬라의 시가총액은 또 얼마나 치솟을지 정말 궁금하다. 그리고 우리는 아마도 이를 그리 머지않은 미래에 직접 경험하게 될지도 모른다. 왜냐하면 혁신에 대한 일론 머스크의 신념이 확고하기 때문이다.

일론 머스크는 엉뚱하면서도 황당한 면도 많지만, 그가 생각하는 혁신은 많은 사람에게 또 다른 의미를 주고 있다. 그의 인생관이 지금의 일론 머스크를 존재하게 했기 때문이다.

만약 어떤 것이 충분히 중요하다면, 비록 그것이 승산이 없다고 해도 당신은 여전히 그것을 해야만 한다.

If something is important enough, even if the odds are against you, you should still do it.

Fast Follower to First Mover

기업 혁신의 시작은 변화이다. 특히 모든 것이 빠르게 변해가는 현대 사회에서는 변화하지 않고 Status−quo(현상유지)에 빠져 있는 기업은 치열한 생존 경쟁 속에서 더 이상 살아남을 수 없기 때문에 더욱 변화가 중요하다. 따라서 기업의 리더들은 변화에 대하여 강조하고 조직 및 구성원의 변화를 위하여 많은 노력을 기울인다.

그러나 사실 조직을 변화시키는 것은 결코 말처럼 쉬운 일이 아니다. 오랫동안 유지해온 조직의 관습, 제도, 문화뿐 아니라 조직원의 사고방식을 바꾸는 것은 결코 쉬운 일이 아니기 때문이다.

경영의 귀재로 불리는 GE의 회장 잭 웰치는 "변화하지 않으면 안 될 상황에 처하기 전에 변화하라Change before you have to"고 주장했고, "만일 외부의 변화 비율이 내부의 변화 비율을 초과했다면 그 조직은 마지막에 가까이 왔다는 것이다If the rate of change on the outside exceeds the rate of change on the inside, the end is near"라고 경고하면서 20년 동안 GE의 변화를 주도하며 GE를 미국 최고의 기업으로 성장시켰다. 변화에 대한 잭 웰치

의 강력한 리더십이 없었더라면 GE는 아마 오래 전에 사람들의 기억 속에서 잊혔을지도 모른다.

대한민국의 대표기업 삼성전자의 2024년 2월 현재 시가총액은 373B $, 한화로 약 500조원으로 전 세계 모든 기업 시가총액 순위 22 위에 랭크되어 있다. 이 금액은 일본의 시가총액 1위 기업 토요타 자동차의 시가총액 273B $보다 훨씬 높으며, 한때 삼성전자의 벤치마킹 대상이었던 소니의 시가총액 121B $의 거의 세 배 이상에 해당하는 엄청난 금액이다.

이 수치는 타계한 이건희 회장이 삼성의 2대 회장으로 취임했던 1987년에는 감히 상상조차 할 수 없었던 꿈의 수치이다. 이건희 회장

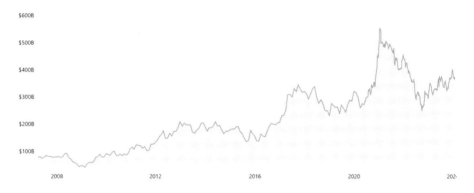

Market cap history of Samsung from 2007 to 2024

이 취임한 1987년 삼성 그룹 전체의 시가총액은 1조원이었다. 그 후 37년이 흐른 지금 삼성전자의 시가총액은 당시 그룹 전체의 시가총액보다 500배 이상 성장하였다. 과연 무엇이 30년 남짓한 기간에 삼성전자를 국내 시장에서만 유명하던 기업에서 전 세계 기업 시가총액 Top20의 초일류 글로벌 기업으로 성장하게 만들었을까?

그것은 의심할 여지 없이 이건희 회장의 변화와 혁신의 산물이라고 말할 수 있다. 1987년 11월 선친 이병철 회장의 서거로 삼성그룹 회장에 취임한 이건희 회장은 1988년 제2의 창업을 선언하고 1990년대까지 삼성을 세계 초일류 기업으로 발전시키겠다고 선포하였다. 그러나 50년 동안 굳어 있던 선대 회장 이병철 방식의 삼성은 요지부동으로 변하지 않았다. 상사의 지시에 복종만 하는 문화, 고객의 의견이 반영되지 않은 디자인, 질보다 양을 중요시하는 경영진의 사고방식은 이건희의 삼성이 세계 초일류 기업으로 도약하는데 장애가 되었고, 이로 인해 1992년까지 이건희 회장은 불면증에 시달리게 될 정도로 위기의식을 갖게 되었다. 이건희 회장은 당시 이대로 가면 회사 한두 개를 잃는 것이 아니고 삼성그룹 전체가 사라질 것 같은 절박한 마음을 갖게 되었고, 급기야 삼성에 대한 뼈를 깎는 대변화를 시작하였다.

1993년 6월 6일 독일의 프랑크푸르트로 가는 비행기 안, 이건희 회장의 손에는 56페이지짜리 보고서가 쥐어져 있었다. 프랑크푸르트로 가는 비행시간 내내 몇 차례나 보고서를 읽고 또 읽은 이건희 회장은 두 가지 사실에 엄청난 충격을 받게 된다. 첫째는 삼성전자 상품 개발 프로세스에 대한 문제점과 제품의 디자인 수준에 대한 신랄한 평가였고, 둘째는 이 보고서가 이미 2년 전부터 삼성의 고위층에 몇 차례 보고되었음에도 그동안 계속 묵살되어 왔다는 사실이다.

이 보고서는 기존에 이건희 회장이 가지고 있던 삼성에 대한 생각을 송두리째 바꿔 놓았다. 보고서에는 소니가 1류라면 파나소닉은 1.2류, 샤프는 1.5류 그리고 여기저기서 벤치마킹한 것을 조합하여 제품을 만든 삼성은 2류에 불과하다고 적혀 있었다. 그동안 국내에서는 나름대로 1류라고 자부해왔던 삼성에겐 도저히 용납될 수 없는 처참한 평가였다. 이 신랄한 보고서가 바로 지금의 삼성이 있게 한 '신경영 선언' 또는 '프랑크푸르트 선언'의 시발점이 된 당시 삼성전자의 일본인 고문 후쿠다 다미오 교토공대 교수가 작성한 '후쿠다 보고서'이다.

프랑크푸르트에 도착하자마자 이건희 회장은 그룹 핵심 경영진 200명을 소집하고 "나부터 변해야 한다. 마누라와 자식을 빼고 다 바꿔라"라는 '신경영'을 선포하고 이후 68일 동안 전 임원들과 독일, 영

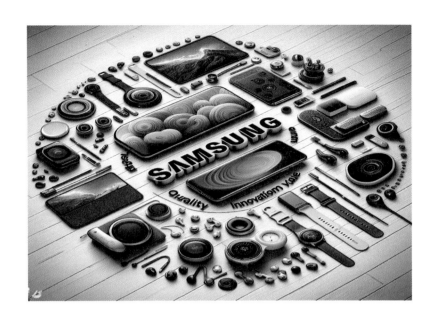

국, 일본 등을 돌며 세계시장에서 삼성 제품의 적나라한 현주소를 임원에게 주지시키며 삼성의 대변화를 시작했다. 그리고 이런 신경영은 선포에만 그치지 않고 바로 현장에 적용되었다. 제품 라인에 불량품이 발생하면 바로 생산 라인을 중지시키고 불량 원인이 해결된 뒤에나 재가동시키는 라인 스톱제를 실시하여 불량률을 50%나 감소시켰다.

이런 신경영의 또 다른 이름인 질경영으로의 변화에서 삼성의 신화가 시작되었다. 실례로, 1995년 당시 세계 1위의 휴대폰 기업 모토로라를 따라잡기 위해 생산량을 늘리는 데 치중하여 무리한 제품 출시로 불량률이 11.8%로 치솟자 이에 격노한 이건희 회장은 시중에 나간 제품까지 모두 회수하여 불태우라는 애니콜 화형식을 지시하였다. 애니콜 15만대, 500억원어치의 제품이 삼성전자 구미 공장에서 전 직원이 보는 앞에서 잿더미가 되는 순간이었다.

이를 계기로 삼성은 'Fast Follower' 전략에서 'First Mover' 전략으로 또 한 번의 변화를 시도하며 세계 초일류 기업으로의 기틀을 다지게 되었다. 1990년 4.5조원이던 삼성전자 매출액은 1995년 16조원, 2000년 34조원, 2005년에 80조원을 거쳐 2019년에는 230조원으로 뛰었다. 30년 만에 매출액이 50배 이상 성장하게 된 것이다.

이에 비해 27년 전 후쿠다 보고서에 삼성전자의 벤치마킹 기업으로 비교 분석된 일본 3대 전자회사인 소니, 파나소닉, 샤프의 합산 2019년 매출액은 약 90조원으로 3개 회사의 매출액을 모두 합해도 삼성전자 매출액의 39%에 지나지 않는다. 기업의 변화와 혁신에 대한 절박함이 그 기업의 미래를 어떻게 바꾸는지를 보여주는 극명한 사례이다.

한때 40%를 웃도는 시장 점유율을 기록하면서 1998년부터 13년간 휴대전화 시장 점유율 세계 1위를 했던 핀란드 대표기업 노키아는 스마트폰 중심으로 재편되는 모바일 시장의 변화에 빠르게 대응하지 못해 위기를 맞아 결국 2013년에 휴대전화 사업부를 마이크로소프트에게 매각하고 이 시장에서 사라지게 되었다. 그 어떤 기업도 변하지 않으면 살아남지 못한다는 진리를 상기시켜주는 사례이다.

이제 치열한 세계 반도체 산업 전쟁 속에서 삼성전자가 계속해서 마누라와 자식 빼놓고 다 바꾸어 나갈지 앞으로의 30년이 궁금해진다.

K-Avengers

2000년대 초반 스페인 프로 축구 구단 레알 마드리드의 정책은 구단을 대표하는 스타플레이어 한두 명만을 보유하는 것이 아니라 전 세계에서 가장 축구를 잘 하는 최고의 선수들을 모조리 사들여 세계 최고의 축구 구단을 만드는 것이었다. 그리고 실제로 프랑스의 지네딘 지단, 브라질의 호나우두, 포르투갈의 루이스 피구, 영국의 데이비드 베컴, 스페인의 라울 등 이름만 들어도 축구팬들의 가슴을 설레게 했던 당대 포지션별 세계 최고의 선수들을 막대한 자금력으로 영입해 명실상부한 세계 최고의 구단을 구축하였다. 이러한 정책을 스페인어로 '갈락티코'라고 했는데 이 갈락티코는 '은하수'라는 뜻으로 말 그대로 축구의 최고 스타들로만 선수단을 구성해 별들의 집단인 은하수를 만들겠다는 것이다.

당시에 이렇게 갈락티코를 구축한 레알 마드리드는 인간으로 구성된 지구상의 축구팀으로는 감히 대적할 수 없다는 사상 최고의 명성을 갖게 되었고, 만일 우주에서 축구 전쟁이 벌어진다면 그들은 지

구를 대표해 우주의 외계인 축구 구단들과 대적할 팀이라는 칭송을 받으며 축구 지구 방위대라고 불리게 되었다. 말 그대로 그들은 축구 국가 대표가 아니라 축구 지구 대표였던 것이다. 만일 당시에 영화 〈어벤져스〉가 이미 상영되었더라면 이들은 아마 축구 지구 방위대가 아니라 '축구 어벤져스'라고 불렸을 것이다.

그리고 당시에 정말로 우주 축구 전쟁이 벌어졌다 상상하면 당대 최고의 공격수 호나우두는 One-Shot-One-Kill 아이언맨으로, 예술 축구 미드필더 지단은 캡틴 아메리카로, 최고의 파괴력을 지닌 윙어 루이스 피구는 빛의 스피드를 가진 스파이더맨으로, 환상적인 킥력을 자랑하는 올라운드 플레이어 베컴은 천둥의 신 토르로 변신하여 축구 어벤저스를 구축해 외계 축구 구단과 맞서 지구를 지켰을 것이다.

2015년 전후로 시작된 4차 산업혁명은 국가 간은 물론 기업 간의 첨단 기술 경쟁을 더욱 치열하게 만들었다. 더 이상 과거의 기술로는 이 치열한 생존 경쟁의 환경에서 살아남기가 힘들어졌다. 특히 바퀴 달린 컴퓨터로 표현되는 미래 자동차 산업은 100% 자율주행을 위한 인공지능 기술, 센서 기술, 탄소 제로를 위한 전기와 수소엔진 기술뿐 아니라 다양한 서비스를 차 안에서 받을 수 있는 커넥티드 카를 위한 차량과 차량, 차량과 보행자, 차량과 인프라를 연결하는 V2X^{Vehicle to Everything}기술 그리고 클라우드와 연결을 위한 초고속 무선 통신 기술, 클라우드 내에 있는 막대한 양의 정보를 실시간으로 분석하는 빅 데이터 기술 등 4차 산업혁명 시대의 모든 최첨단 기술을 모두 수용해야만 한다. 그리고 이들에 대한 세계 최고 수준을 유지해야만 이 치열한 생존 경쟁에서 살아남을 수 있다.

이런 미래형 자동차의 시장 선점을 위한 국가 간, 기업 간의 경쟁은 치열하다 못해 전쟁을 방불케 한다. 토요타, 볼보, 폭스바겐, 현대 등 기존 자동차 회사뿐 아니라 애플, 구글, 마이크로소프트와 같은 IT 회사들도 강력한 인공지능 및 자율주행 기술을 바탕으로 애플카, 구글카, MS카 출시를 계획하고 있다. 바야흐로 미래 자동차의 춘추전국 시대가 열린 것이다. 이 중에서 가장 선두주자는 테슬라이다.

테슬라는 위험 상황에서도 사람의 개입이 전혀 필요 없는 Level5 자율주행 기술에 거의 근접하였다고 발표했다. 그리고 비상상황에서

만 사람이 개입하는 level4 자율주행 기술을 장착한 완성차를 수년 내에 양산하겠다고 말했다. 거침없는 테슬라의 행보이다.

이런 테슬라에 대해 국내 어느 증권사의 리서치 센터장은 "테슬라는 외계 생명체이다"라고 표현하면서 "이런 외계 기업과 글로벌 시장에서 맞서 싸우려면 한국형 기업 어벤저스가 필요하다"라고 충고하였다. 정말 우주 최강의 적 타노스를 대적하기 위해 어벤저스의 단합이 필요했듯이 미래 자동차 시장에서 최강의 상대인 외계 기업 테슬라를 상대하려면 단일 기업이 아닌 K-어벤저스 기업이 필요한 때인 것 같다. 다행히 차세대 자동차 동력인 배터리 산업에서 삼성, LG,

SK의 K-배터리 세계시장 점유율은 44%로 1위를 기록하고 있다. 또한 미래 자동차 산업의 최고 핵심 부품이 될 반도체에서도 삼성전자는 세계 최고 수준의 반도체 기술을 가지고 있다. 그리고 현대자동차도 운전자의 전방 주시 의무가 필요 없는 Level3 자율주행 기술을 보유하고 있다. 미래 자동차 산업의 핵심 기술을 한국 기업들이 모두 보유하고 있는 것이다.

BTS의 K-Pop 〈다이너마이트〉와 〈버터〉가, 봉준호와 윤여정의 K-Movie 〈기생충〉과 〈미나리〉가, 그리고 이정재의 K-Drama 〈오징어 게임〉이 세계 문화시장을 석권했듯이 미래 자동차 시장 석권을 위해 삼성 아이언맨, LG 캡틴 아메리카, SK 스파이더맨, 현대 토르로 구성된 K-어벤저스 기업이 탄생할 수 있을지, 그리고 이 K-어벤저스 기업이 우주 최강 타노스 테슬라 기업을 격파할 수 있을지 귀추가 주목된다.

MS의 잃어버린 10년

20세기에 하드웨어를 대표했던 IT 기업이 IBM과 HP였다면 소프트웨어를 대표했던 IT 기업은 단연코 마이크로소프트였다. 특히 마이크로소프트 윈도우 운영체계는 1990년대 전 세계 개인용 컴퓨터 운영체계 시장을 거의 독점하다시피 했고, 지금도 가정용 컴퓨터의 운영체계 점유율 93%로 세계시장을 지배하고 있다.

마이크로소프트는 BASIC 인터프리터 개발 및 판매를 위해 1975년 4월 4일 빌 게이츠와 폴 앨런에 의해 미국 멕시코주 앨버커키에 설립되었다. 그 후 마이크로소프트는 1980년대 중반 MS-DOS로 개인용 컴퓨터 운영체계 시장을 장악했으며, 윈도우가 그 뒤를 이어 세계시장을 석권하였다. 이후 마이크로소프트는 1986년에 기업공개[IPO]를 해서 그에 따른 주가 상승으로 인해 마이크로소프트 직원 중 3명의 억만장자와 약 1만2천 명의 백만장자를 탄생시켜 화제가 되었다.

기업공개 후에도 마이크로소프트는 다양한 소프트웨어와 하드웨어 제품을 잇달아 성공시키면서 최고의 IT 기업 반열에 올라섰다.

이러한 실적을 발판으로 창업자 빌 게이츠의 자산도 엄청나게 불어나 1995년 이후 전 세계 갑부 순위 최상위권에서 한 번도 빠지지 않고 이름을 올렸는데, 빌 게이츠는 말 그대로 워렌 버핏과 함께 부호의 대명사가 되었다. 어느 연설회장에 빌 게이츠가 워렌 버핏과 함께 초대되어 참석했을 때 사회자가, 빌은 초당 140달러를 벌기 때문에 길거리에 100달러 지폐가 떨어져 있더라도 허리를 굽혀 지폐를 집는 시간이 1초를 넘기 때문에 시간이 아까워 줍지 않는다는 소문이 있는데 정말 그렇냐고 농담을 하자, 빌 게이츠가 우물쭈물하며 대답을 못

하니까 옆에 있던 워렌 버핏이 "빌은 모르겠지만 나는 빌보다 가난하기 때문에 줍겠다"라고 답해 청중을 웃겼다고 한다. 빌 게이츠는 그의 이름 그대로 돈Bill이 들어오는 문Gates이 되어 오랫동안 전 세계 최고 갑부 1위 자리를 지켰다.

이렇게 승승장구하던 마이크로소프트가 21세기 들어서면서 서서히 내리막길을 걷기 시작했다. 시장 점유율 1위의 여러 제품 성공에 취해 더 이상의 혁신을 추구하지 않고 Status-Quo에 안주한 것이 그 화근이었다. 후에 빌 게이츠에게 인생에 있어서 가장 큰 실수가 무엇이었는지 질문했을 때 그는 구글에게 안드로이드 출시의 기회를 주어버린 것이라고 대답했다.

빌 게이츠의 경쟁자이자 최대 라이벌인 스티브 잡스의 애플이 iOS로 전 세계 스마트폰 OS 시장을 석권하게 한 것은 어쩔 수 없다 하더라도 스마트폰 OS 시장은 철저한 승자독식의 세계이기 때문에 이미 애플이 그 한 축을 점유하고 있는 상황에서 오직 하나의 회사만이 애플의 대항마로 대적할 수 있었는데 자신의 최대 실수는 마이크로소프트가 그 자리를 차지하지 못하고 구글에게 넘겨준 것이라고 말했다.

빌 게이츠의 우려대로 21세기가 시작되고 세계 IT 시장은 애플이 구축한 앱 생태계와 모바일 세상이 되었다. 이런 새로운 패러다임에 혁신과 전혀 새로운 서비스로 무장한 FAANGFacebook/Apple/Amazon/Netflix/Google과 같은 Big Tech 회사들은 각자 자기의 분야에서 세계시장을 석권하기 시작했고, 전통적 IT 기업이었던 IBM/HP/Sun 같은 기업들

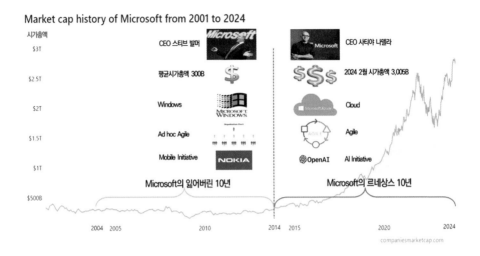

Market cap history of Microsoft from 2001 to 2024

시가총액

CEO 스티브 발머

평균시가총액 300B

Windows

Ad hoc Agile

Mobile Initiative

NOKIA

CEO 사티아 나델라

2024 2월 시가총액 3,005B

Cloud

Agile

OpenAI AI Initiative

$3T

$2.5T

$2T

$1.5T

$1T

$500B

Microsoft의 잃어버린 10년

Microsoft의 르네상스 10년

2004 2005   2010   2014 2015   2020   2024

companiesmarketcap.com

은 시장에서 서서히 빛을 잃어갔다. 마이크로소프트도 21세기에 들어선 이후 2013년까지 10년간 평균 시가총액 3천억 달러로 겨우 명맥을 유지하면서 IT 시장에서 서서히 지는 해가 되어 가고 있었다. 이시기를 마이크로소프트의 잃어버린 10년이라고 말한다. Big Tech 기업 간의 혁신 전쟁에서 실패한 결과이다.

이 마이크로소프트의 잃어버린 10년 동안 CEO를 맡은 사람은 2000년 빌 게이츠가 CEO를 사임하고 새로 부임한 스티브 발머였다. 빌 게이츠의 친구인 그에 대한 평가는 사람마다 극과 극이다. 혹자는 스티브 발머를 일컬어 모바일 시대에 제대로 대응하지 못하고 마이크로소프트를 잃어버린 10년으로 빠뜨린 장본인이라고 평하는 반면, 어떤 사람은 그 기간 동안 마이크로소프트를 안정적으로 운영하여 회사의 내실을 다진 경영자로 평가하고 있다. 그에 대한 평가가 어떠하든 스티브 발머는 경쟁사가 급변하는 환경 변화에 혁신적으로 대처하는 동안 현상유지에 주력하여 회사의 경쟁력을 떨어뜨린 것은 주지의 사실이다.

이런 마이크로소프트를 다시 최고의 경쟁력을 가진 기업으로 변화시킨 사람은 2014년 CEO로 부임한 사티아 나델라이다. 나델라는 마이크로소프트의 3대 CEO로 취임하면서 빠르게 마이크로소프트를 변화시켰다. 그는 제일 먼저 기존의 전통적인 조직을 애자일^{Agile} 조직으로 전환시켜 Business Agility를 끌어 올렸으며, 그동안 윈도우에 주력하면서 스마트폰과 SNS에서의 기회를 놓쳐 마이크로소프트의 잃어버린 10년을 도래하게 한 윈도우의 우선순위를 과감히 낮추고 4차 산업혁명 시대의 주요 사업인 모바일 클라우드 비즈니스를 최우선으로 하면서 마이크로소프트의 포트폴리오를 전면 재구축하였다. 애자일 조직문화 프로세스와 클라우드 비즈니스가 시너지 효과를 내면서부터 마이크로소프트는 2014년부터 주가가 급등하면서 제2의 전성기를 맞았다.

애자일이 도입되면서 항공모함과 같이 움직이기 힘들었던 조직이 쾌속정같이 빠르게 변하여 급변하는 시장과 고객의 니즈에 민첩하게 대응하고, 클라우드 시대를 맞이하여 빠른 준비를 통하여 아마존의 AWS에 대응할 수 있는 MS Azure를 성공시킴으로써 모바일 OS 시장에서 구글에게 안드로이드를 출시하게 하여 애플의 iOS 대항마로 만들게 했던 실수를 되풀이하지 않았다.

이런 마이크로소프트의 혁신과 개혁은 21세기에 들어서면서

2013년까지 평균 3천억 달러였던 시가총액을 2019년에는 1조 달러로 끌어올렸고, 2021년에는 2조 달러로 만들었으며, 드디어 2024년 애플과 더불어 유이하게 시가총액 3조 달러로 등극시키며 애플과 세계 시가총액 1위 자리를 놓고 치열하게 경쟁하고 있다.

이제 마이크로소프트는 IT 업계의 지는 해에서 세계 5대 Big Tech 회사인 GAFAM^{Google/Apple/Facebook/Amazon/Microsoft}의 일원으로 다시 옛 영광을 재현하고 있다. 잃어버린 10년을 르네상스 10년으로 바꾸는 데 성공한 마이크로소프트가 계속 르네상스를 이어갈지 또 한 번의 잃어버린 10년을 맞이하게 될지는 아무도 알 수 없다. 지금 이 순간에도 새로운 혁신과 상상하지도 못하는 새로운 제품과 서비스로 마이크로소프트의 자리를 빼앗기 위해 호시탐탐 노리는 Big Tech가 전 세계에 널려 있기 때문이다.

CHAPTER 4

플랫폼 제국

플랫폼 비즈니스의 탄생과 전성기

조용필이 1980년대에 불러 유명해진 노래 〈대전 부르스〉는 원래 안정 애라는 가수가 1956년에 발표한 노래이다. 이 노래의 2절은 "기적소리 슬피 우는 눈물의 플렛트홈 무정하게 떠나가는 대전발 0시 50분" 이라는 가사로 시작한다. 여기에서 플렛트홈은 아마도 요즘 4차 산업 혁명 시대의 Keyword인 플랫폼의 1950년대식 표기일 것이라 생각된 다. 왜냐하면 플랫폼의 사전적 의미는 기차나 버스와 같은 운송수단 을 타고 내리는 승강장이기 때문이다.

그렇다면 왜 승강장을 뜻하는 플랫폼을 이용한 비즈니스 모델이 요즘 화두가 되고 각광을 받게 되었을까? 이에 대한 해답은 플랫폼을 의미하는 승강장이 어떤 역할을 하는지를 분석해보면 바로 알 수 있 다. 알다시피 승강장은 기차, 지하철, 택시 또는 버스와 같은 운송수 단과 승객이 만나는 공간이다. 이 공간에서 서로 만나 승객은 돈을 지 불하고 운송수단은 승객을 원하는 장소까지 데려다준다.

이와 같이 승강장의 주 역할은 승객과 운송수단을 만나게 해주는

것이다. 그런데 승강장 주변을 가만히 살펴보면 신문이나 잡지 혹은 먹거리를 판매하는 매점이나 자판기가 반드시 있다. 또한 승강장 주변에는 대부분 광고판이 설치되어 있다. 그리고 승강장의 근거리에는 크고 작은 상가가 조성되어 있는 것을 우리는 쉽게 파악할 수 있다.

이러한 현상이 일어나는 것은 승강장에 사람이 많이 몰리기 때문이다. 승강장처럼 사람이 많이 몰리는 곳에서는 주력사업으로 주수익을 올릴 뿐 아니라 다양한 비즈니스 모델로 부가적인 수익 창출을 할 수 있다. 그리고 어떤 때는 부가적인 수익이 주수익보다 오히려 훨씬 많을 때도 있다.

이렇듯 승강장은 주수익 모델인 승차요금 외에도 매점과 자판기 수익 그리고 광고 수익과 같은 부가적인 비즈니스 모델로 상당한 수익을 창출하고 있다. 특히 승강장에는 별도의 마케팅 비용을 쓰지 않아도 사람들이 스스로 많이 몰려든다. 왜냐하면 사람들이 운송수단을 이용할 수 있는 유일한 공간이 승강장이기 때문이다. 승강장은 사람과 운송수단의 거점(플랫폼) 역할을 할 뿐만 아니라 그 안에서 다양한 거래가 이루어지며 무수히 많은 가치 창출이 일어나게 된다. 이것이 바로 플랫폼 비즈니스이다.

이런 플랫폼 비즈니스와 대비되는 전통적인 비즈니스 모델을 파이프라인 비즈니스라고 한다. 파이프라인 비즈니스는 생산자가 제품이나 서비스를 파이프라인을 통해 소비자에게 일 방향으로 제공하는 모델이다. 이에 반해, 플랫폼 비즈니스는 생산자와 소비자가 동시에 플랫폼을 공유하며 다양한 가치를 창출한다. 예를 들어, 유튜브의 동영상을 시청하면 소비자가 되고 유튜브에 자신의 동영상을 업로드하면 생산자가 된다. 또한 에어비앤비에서 숙박시설을 임대하면 소비자가 되고 나의 아파트를 에어비앤비에 숙박시설로 제공하면 생산자가 된다. 이렇듯 플랫폼 비즈니스 모델은 생산자와 소비자가 서로 가치를 공유하며 새로운 가치를 창출한다.

그런데 플랫폼 비즈니스에는 한 가지 재미있는 사실이 있다. 그것은 플랫폼을 운영하는 플랫폼 사업자는 봉이 김선달의 접근 방식을 가지고 있다는 것이다. 봉이 김선달이 대동강 물을 마치 자기 것인 양

Platform Business

팔았듯이 플랫폼 사업자는 자기 제품은 하나도 없이 제품을 팔 뿐만 아니라 불필요한 불량 재고를 전혀 가지지 않는다. 세계 최대 전자상 거래 업체인 알리바바는 단 한 개의 자기 제품과 재고가 없다. 우버는 단 한 대의 자기 택시와 쉬는 차가 없다. 에어비앤비에는 단 한 개의 자기 숙박시설과 빈 방이 없다. 그저 플랫폼 사업자는 경쟁력 있는 플 랫폼만 유지하면 생산자와 소비자가 스스로 생산과 소비 그리고 마케 팅을 하면서 다양한 가치를 창출해간다.

1990년대 중반부터 인터넷의 활성화에 힘입어 태동하기 시작 한 플랫폼 비즈니스는 2000년대에 와서는 전통 파이프라인 비즈니스 를 압도하기 시작했고, 모바일이 대세가 되기 시작한 2010년 이후에 는 플랫폼 비즈니스 기업이 거의 모든 산업 영역을 장악하고 있다. 현재 미국의 최상위 시가총액 기업은 모두 플랫폼 기업이다. 이들은 세칭 'GAFAM'이라고 불리는데 Google-Apple-Facebook-Amazon-Microsoft를 지칭하는 약자이다. 한때 미국 시가총액 1위 기업이었던 GE나 액손과 같은 전통 파이프라인 기업은 이젠 더 이상 시가총액 상위 그룹에서 찾아보기가 어려워졌다.

대한민국의 상황도 비슷하게 변하고 있다. 미국과는 달리 재벌 그룹이 지난 수십 년간 대한민국 경제를 좌지우지했기 때문에 미국과 같이 급진적인 변화가 오지는 않았지만, 현재 대한민국 시가총액 최상위의 기업에도 플랫폼 기업이 2개나 포함되어 있다. 그 하나는 인터넷 검색 플랫폼의 최강자 네이버이고, 또 하나는 모바일 SNS 플랫폼의 최고봉 국민 메신저 카카오이다.

1999년에 설립된 네이버는 2024년 2월 현재 시가총액 36조원의 거대기업이 되었고, 2010년에 자그마한 벤처기업으로 설립한 카카오는 시가총액 25조원이 넘는 초우량기업이 되었다. 불과 20여 년 만에 이룩한 쾌거이다. 승강장 주변에 매점, 자판기, 상가, 광고판을 설치하듯이 네이버는 검색 플랫폼을 시작으로 그 위에 금융, 광고, 쇼핑, 웹툰, 뮤직 등의 다양한 비즈니스를 얹어 연간 8조원의 매출을 자랑하는 네이버 플랫폼 제국을 탄생시켰다. 카카오는 국민 메신저 카카오톡 플랫폼 위에 게임, 택시, 대리기사, 은행 등 산업 영역을 가리지 않는 비즈니스를 연계해서 대한민국 시가총액 10위권의 카카오 플랫폼 제국을 건설했다.

이들이 또 어떤 비즈니스를 그들의 플랫폼 제국 위에 얹혀 사업

을 더욱 확장해 나갈지 귀추가 주목된다. 바야흐로 플랫폼 대제국이

건설되고 그 전성기가 시작되었다.

플랫폼 제국의 역습

제국은 기원전 27년부터 시작된 로마 황제가 지배하던 황제국가에서 유래되었다. 제국은 왕의 통치권이 한 나라의 경계를 벗어나 다른 민족이나 국가에 확장되는 것을 말하는데, 제국의 지배는 단지 다른 민족이나 국가의 영토뿐 아니라 그들의 문화와 삶의 방식까지도 변화시킨다.

역사상 가장 대표적인 제국인 태양이 지지 않는 나라 대영제국은 17세기부터 제국의 영토를 확장하여 전성기에는 전 세계 육지 면적의 1/4을 통치하였고 전 세계 인구의 1/6이 대영제국의 지배를 받았다. 대영제국은 1607년 아메리카 식민지 건설을 시작으로 1947년 인도의 독립, 1997년 홍콩 반환 때까지 오랜 기간 세계를 지배하였다. 대영제국의 지배를 받았던 인도나 호주, 남아공, 홍콩과 같은 국가는 이미 독립을 했음에도 불구하고 아직도 그들의 생활에는 많은 부분에서 영국의 문화, 제도, 관습 및 삶의 방식이 면면히 남아 있다. 그만큼 제국의 지배는 무섭고 오래 간다.

대영제국에 이어 역사상 두 번째로 큰 제국은 13세기 초 칭기즈 칸에 의해 세워진 몽골제국이다. 몽골제국은 100년도 채 되지 않는 짧은 기간 동안 중국은 물론 러시아, 폴란드 등 동유럽을 거쳐 북유럽 지역의 발트해까지 진출해 유럽과 아시아를 아우르는 거대한 제국을 건설하였다.

그렇다면 21세기 현재는 과연 어떠한 제국들이 세계를 지배하고 있을까? 냉전체제가 붕괴되고 자본주의가 대세가 된 21세기에는 더 이상 군사력으로 세계를 지배할 수 있는 제국 시대가 아니다. 인종과 국경을 초월한 인터넷이 전 세계를 연결시킨 이후 이 세상은 플랫폼 제국들이 지배하고 있다. 아마존 제국이 전 세계 상거래를 지배하고 있고, 에어비앤비 제국이 전 세계 숙박 시장을 지배하고 있고, 우버 제국이 전 세계 택시 시장을 점령하고 있고, 넷플릭스 제국이 전 세계 영화 시장을 좌지우지하고 있다.

이젠 더 이상 특정 국가가 제국이 되는 세상이 아니라 특정 플랫폼 기업이 전 세계의 인종, 종교, 국경을 초월하여 모든 산업을 지배하는 제국이 되는 시대가 되었다. 앞으로는 USA가 세계 경제를 주도했던 미국United State of America을 의미하는 것이 아니라 아마존 제국을 의미하는 USAUnited State of Amazon가 되는 시대를 우리는 머지않은 미래에 맞이하게 될 수도 있다. 언제부터인가 TBATo Be Amazoned와 Amazonification이라는 신조어가 등장하였다. 이 용어는 아마존이 진출한 분야 기업의 주가뿐만 아니라 아마존이 진출할 것이라는 소문이 도는 분야 기업들의 주가까지 폭락하는 현상이 일어나자 붙여진 신조어이다. 아마존 제국이라는 명칭이 결코 과장된 것이 아니라는 증거이다.

아마존이 2020년에 신발·의류 판매 실적 410억 달러로 기존 유통업계의 최강자 월마트를 20~25% 차이로 따돌린 이후 2위 월마트와의 격차를 더욱 늘리고 있다. 아마존의 강력한 플랫폼 위력 덕분이다. 이렇게 아마존은 강력한 전자상거래 플랫폼을 기반으로 다양한 분야의 산업에 진출하고 있다. 마치 대영제국이 유럽을 비롯해 아메리카, 아프리카, 아시아 등 전 세계 대륙을 정복했듯이 아마존은 IT, 유통, 제약, 금융 등 모든 산업으로 진출을 시도하고 있다.

　2020년 말 아마존은 처방약을 집으로 배달해주는 '아마존 파머시' 서비스를 출시한다고 발표했다. 그리고 그날 미국의 전통 약국 체인점 회사인 CVS와 월그린의 주가는 각각 8.6%, 9.6% 떨어졌다. 아마존 제국의 전방위 공세로 미국 최대 스포츠용품 전문매장인 스포츠오소리티는 2016년 파산신청을 했고, 전 세계에서 1,600개 매장을 운영하며 한때 장난감 천국으로 불리던 미국의 완구 업체 토이저러스는 2021년 설립 70년 만에 미국 내 전 오프라인 매장의 문을 닫았다. 그리고 126년 전통의 미국 백화점 시어스는 이미 2018년에 파산했고, 162년의 역사를 가진 미국 최대의 백화점 체인 메이시스도 아마존 제국의 파상 공세를 견디지 못하고 단기간 내에 125개 전 매장을 순차적으로 폐점하겠다고 발표했다. TBA, Amazonification이라는 신조어가 괜히 나온 말이 아니라는 것을 실감하게 되는 대목이다.

유통업계에서의 아마존 공습뿐 아니라 다른 산업에서 플랫폼 제국의 공습도 매섭다. 에어비앤비 제국의 공세에 전 세계 호텔 업계의 미래가, 넷플릭스 제국의 영향력으로 전 세계 극장 업계의 생존이, 우버 제국의 공습으로 전 세계 택시업계의 흥망이 풍전등화에 놓여 있다.

현재 플랫폼 제국의 지배 영토와 지배 고객이 기하급수적으로 확장되고 있다. 한때 전 세계 1위를 기록했던 또 어떤 전통적인 기업이 그들의 공세에 이 세상에서 사라지게 될지 귀추가 주목된다. 플랫폼 기업의 전성기가 계속되고 있다.

Game Changer, 카카오 제국

기업을 성장시키는 전략에는 일반적으로 두 가지가 있다. 하나는 'First Mover'인데 남이 가지 않은 길을 스스로 개척하여 만들어내는 전략으로, 많은 시행착오를 겪어야 하는 단점이 있는 반면 성공했을 때 경쟁자 없이 시장을 선도할 수 있는 장점이 있다.

또 다른 전략은 'Fast Follower'로 First Mover가 새로운 분야를 개척해 놓으면 이를 벤치마킹해서 1위 기업보다 더 개선된 제품을 더 싼 가격으로 시장에 내놓는 방식으로 주로 기술과 자본력이 떨어지는 기업이 채택하는 전략이다. 1970년대에는 일본 기업들이, 1990년대에는 한국 기업들이 주로 사용했던 전략으로 두 나라 모두 이 전략을 통해 당시 상당한 성과를 거두었다. 이 전략은 일명 2등 전략으로 First Mover를 벤치마킹함으로써 많은 시행착오를 줄일 수 있는 장점이 있으나 이 전략을 고수하는 한 시장을 선도하는 1등 기업은 될 수 없고 언제나 추격자 그룹에 뒤처져 있어야 하는 운명을 감수해야만 한다. 따라서 이 전략은 1등만이 살아남을 수 있는 2000년대에 들어

서는 더 이상 채택하기 힘든 전략이 되었다.

더군다나 4차 산업혁명이 활성화된 2015년 이후에는 First Mover 전략만으로도 부족하여 '초격차' 전략을 실행해야 경쟁기업을 따돌릴 수 있는 시대가 되어 Fast Follower 전략으로는 더 이상 세계 초일류 기업을 꿈꿀 수 없게 되었다.

최근에는 초격차의 스피드뿐 아니라 시장에서 게임의 룰을 바꿀 수 있는 'Game Changer'가 되어야만 진정한 시장의 지배자인 'One & Only'가 될 수 있기에 이를 위해 초일류 빅테크 기업들이 치열한 혁신 전쟁을 벌이고 있다.

이런 Game Changer가 되기 위해서는 전혀 새로운 생각으로 세상에 없던 제품이나 서비스를 창출해야만 한다. 이를 위해서는 뼈를 깎는 혁신이 필요하고, 이러한 혁신에는 당연히 엄청난 리스크 그리고 고통과 인내가 뒤따르기 마련이다.

지금부터 14년 전인 2010년 3월, 우리는 문자 메시지를 무료로 사용하게 해준다는 아주 신기한 서비스를 만나게 된다. 당시 모든 이동 통신 회사는 문자를 보낼 때마다 요금을 부과하던 시절이었고, 커뮤니케이션 트렌드가 음성 통화에서 문자 메시지로 전환되는 시기였기에 통신사들은 미래의 캐시카우를 위해 앞다투어 다양한 마케팅을 하고 있었다. 그런데 이 서비스는 오히려 무료로 문자 메시지를 보내고 받게 해줄 뿐 아니라 메시지가 올 때마다 "까똑 까똑" 소리를 내는 재미있는 알람 서비스를 제공해 사용자로 하여금 유쾌한 경험을 하게 해주었다. 또한 여러 명이 동시에 메시지를 교환할 수 있게 해주는 단톡방이라는 전혀 경험해보지 못한 기능을 제공해 사용자에게 편리함과 재미를 안겨주었다. 특히 메시지를 보내면 받는 사람 수만큼 숫자가 표시되어 있다가 메시지를 상대방이 읽을 때마다 숫자가 하나씩 줄어들어 상대방이 내가 보낸 메시지를 읽었는지 알게 해주는 아주 유쾌하고 신기한 경험을 하게 해주었다.

지금은 아주 당연하고 일반적인 기능이지만 당시에는 모든 사람이 처음 겪어 보는 아주 신선한 경험이었다. 이 서비스가 바로 우리나라 국민의 95%가 사용한다는 국민 메신저 '카카오톡'이다.

이 국민 메신저 카카오톡은 서비스 출시 1년 만에 가입자 1천만 명을 달성하였고, 2년 3개월 만에 대한민국 인구수인 5천만 명을 돌파하였다. 그리고 급기야 2012년 말 7천만 명을 돌파하게 된다. 출시

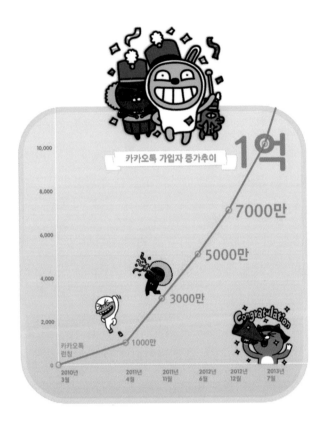

3년도 되지 않아 7천만 명의 가입자를 달성한 전무후무한 폭발적인 성장세였다.

그러나 이런 성공적인 성장세의 이면에는 엄청난 리스크와 시련이 카카오톡에 존재하였다. 엄청난 사용자 수에도 불구하고 서비스 이용료를 전혀 받지 않고 하물며 서비스 플랫폼 내에 광고마저 하지 않았던 카카오톡은 당시 제휴업체 선물하기 서비스 외에는 수익 모델이 전혀 존재하지 않았다. 무료이자 다양한 서비스로 사용자를 사로잡아 단숨에 7천만 명의 가입자를 확보했지만, 반대급부로 인건비와 인프라 유지비에 엄청난 비용이 필요하였다.

하지만 이용료와 광고비를 받지 않아 매출이 턱없이 부족한 카카오톡은 자본금으로 이를 충당하였다. 이에 많은 직원들이 우려하며 김범수 카카오톡 의장에게 이제 서비스 이용료를 받고 광고를 하자고 건의하였다. 그러나 김범수 의장은 "우리는 가입자 1억 명이 될 때까지 계속 투자를 합니다. 그리고 1억 명이 되는 날 우리 전 직원은 하와이로 워크숍을 떠납니다"라고 선언하며 직원들을 설득하였다 한다.

김범수 의장이 이렇게 무료 사용료와 광고를 하지 않은 이유는 고객 Lock-In 효과를 얻기 위해서인데, 이는 고객에게 제품이나 서비스를 구매하고 이용하게 한 후 지속해서 이용하게 하는 것을 말한다. 즉 고객 이탈을 막기 위해 문을 걸어 잠근다는 의미이다.

이러한 카카오톡의 Lock-In 전략은 엄청난 효과를 보았고, 마침내 2013년 7월 카카오톡 출시 40개월 만에 가입자 1억 명을 돌파하고 약속대로 전 직원이 하와이 워크숍을 떠났다고 한다.

김범수 의장은 First Mover 전략으로 세상에 없던 카카오톡 서비스를 출시하고 이 SNS 플랫폼 기반 위에 카카오 택시, 카카오 대리기사, 카카오 뱅크 등 다양한 비즈니스 모델을 접목시켜 진정한 Game Changer가 되어 자그만 벤처기업으로 시작한 카카오를 10년 남짓한 시간 안에 대한민국 최고의 기업 중 하나로 만들었다. 모바일 시대와 플랫폼 비즈니스의 노래클 예견히고 모바일 시대의 First Mover와 플랫폼 비즈니스의 Game Changer가 되기 위한 그의 과감한 도전과 끊임없는 혁신의 결과라고 말할 수 있다.

그가 카카오톡의 전신인 벤처기업 아이위랩을 창립하기 위해
2007년 NHN^{Naver} 미국 대표직을 사임하면서 직원들에게 남긴 메시지
가 그의 도전과 혁신을 말해주고 있다.

"배는 항구에 정박해 있을 때가 가장 안전합니다. 그러나 그것은
배의 존재 이유가 아닙니다. 배는 바다로 나아가야 합니다."

만일 그가 NHN이라는 안전한 항구에 계속 정박해 있었더라면

어쩌면 우리는 지금 국민 메신저인 카카오톡 대신 미국의 'Whatsapp'
이나 중국의 'Wechat'을 사용하고 있을지도 모른다.

김범수 의장 본인 카카오톡 프로파일에는 '내가 태어나기 전보다
더 나은 세상을 꿈꾸며'라는 문구가 적혀 있다고 한다. 이 문구는 그
가 좋아하는 미국의 시인 에머슨Ralph Waldo Emerson의 시 '무엇이 성공인
가'의 일부분을 인용했다고 한다.

> "… 세상을 조금이라도 살기 좋은 곳으로 만들어 놓고 떠나는 것, 자신이
>
> 한때 이곳에 살았음으로 해서 단 한 사람의 인생이라도 행복해지는 것, 이
>
> 것이 진정한 성공이다."

2021년에 김범수 의장은 이러한 자신의 약속을 지키려고 자신의
전 재산 절반을 사회에 기부하겠다고 밝혔다. 아마도 당시에 그는 또
다른 의미의 First Mover 그리고 또 다른 형태의 Game Changer가
되기를 원했을 것이다.

그러나 카카오가 빠른 속도로 성장하고 조직이 커짐에 따라 카카
오의 혁신은 퇴색하고 초심이 흐트러지면서 카카오는 여기저기에서
문제가 발생하기 시작했다. 카카오 플랫폼이 확장됨에 따라 골목 상
권 침해 이슈가 대두되고, 가맹 택시에 대한 콜 차단 문제, 고객 개인
정보 불법 사용, 데이터 센터 화재로 인한 장시간 카카오톡 먹통사태,
SM 주식 시세 조종 의혹 그리고 경영진의 도덕적 해이 등 카카오는
총체적 위기에 직면하게 되었다.

아마도 카카오는 창업자가 17년 전에 가졌던 도전정신인 '배는 항구에 정박해 있을 때가 가장 안전합니다. 그러나 그것은 배의 존재 이유가 아닙니다. 배는 바다로 나아가야 합니다'를 잊고 언제부터인가 안전한 항구에 배를 정박시키고 다시 바다로 나아가지 않으려 했는지도 모르겠다.

이제 카카오는 새로운 실험대 위에 놓여있다. 카카오가 새로운 게임의 룰을 세울 때이다. 최근 김범수 의장은 카카오 이름까지도 바꿀 수 있다는 각오로 변하겠다고 다짐하며 강도 높은 변화를 예고했다. 그가 항구에 정박해 있는 카카오호를 다시 바다로 출항시킬지, 그의 카카오톡 프로파일의 문구인 '내가 태어나기 전보다 더 나은 세상을 꿈꾸며'를 진정으로 실천할지 지켜볼 일이다. 카카오가 또다른 Game Changer가 되기를 기대한다.

혁신은 어려운 일이다. 그리고 지속적인 혁신은 더욱 어려운 일이다.

플랫폼 비즈니스, 21세기의 창조적 파괴

이탈리아 하면 떠오르는 것이 너무 많다. 이탈리아는 세계 최고의 관광대국으로 바티칸 시국, 콜로세움, 피사의 사탑, 트레비 분수와 같은 역사적으로 유명한 장소뿐 아니라 밀라노, 베네치아, 나폴리, 피렌체, 시칠리아와 같은 천혜의 아름다운 풍경을 가진 도시를 보유한 정말 복 받은 나라이다.

반면에 이탈리아 하면 어쩔 수 없이 연상되는 부정적인 이미지가 있다. 그것은 바로 마피아이다. 마피아는 이탈리아 시칠리아 지역을 중심으로 탄생한 거대한 범죄 조직이다. 마피아의 기원은 19세기 후반에서 20세기 초반까지 자본주의가 형성될 때 시작되었다. 당시 대지주와 자영농 사이에 극한 대립이 발생하였는데 대지주는 땅을 빼앗기 위해 자영농에게 무차별적인 살인과 폭력을 행사하였고, 자영농도 그에 맞서 그 이상의 폭력과 살인으로 되갚음하는 복수극이 되풀이되었다. 이탈리아는 매우 강한 대가족 문화를 가지고 있었기 때문에 대지주 및 소작농 모두 가문 단위로 똘똘 뭉쳐서 활동하였고, 이 가문들

이탈리아 메디치 가문

중 일부가 후에 마피아가 되었다. 1970년대 유명한 마피아 영화 〈대부Godfather〉는 이탈리아계 이민자 가문인 콜레오네 가문의 3대에 걸친 행보를 그린 작품으로 전 세계적으로 공전의 히트를 기록했다.

이탈리아는 이런 마피아의 콜레오네 가문과 같은 안 좋은 이미지의 가문도 있지만, 이탈리아뿐만 아니라 전 세계적으로 좋은 영향력을 끼친 유명한 가문도 있다. 바로 피렌체의 메디치 가문이다. 인구 30만 명에 불과한 피렌체가 세계적으로 유명해진 것은 바로 메디치 가문 때문이다.

토스카나 지방에서 농사를 짓던 메디치 가문은 처음에는 보잘것없는 가문이었으나 상업도시 피렌체로 이주하면서 발전하기 시작했다. 그 후 300년간 피렌체와 고향인 토스카나를 다스리면서 교황 넷을 배출하였고, 프랑스 왕비 둘을 포함해 수많은 유럽 왕조와 혼인 관계를 맺었다.

그런데 이 메디치 가문이 유명해진 것은 다른 가문과는 다르게 전쟁을 일으켜 가문의 세력을 확장하는 대신 르네상스 시대에 수많은 예술가를 후원하고 이를 통해 한 시대를 지배했다는 것이다. 게다가 이들은 다른 가문처럼 군림하면서 예술가를 지원한 것이 아니라 진정으로 예술을 이해하고 예술의 가치를 인정했다는 점에서 다른 가문과는 정말 다른 독특한 가문이었다.

더욱이 메디치 가문은 수백 년간 예술가를 후원한 결과 얻은 엄청난 양의 예술품을 가문의 재산으로 소장한 것이 아니라 토스카나 대공국과 피렌체에 기증하였다. 이런 메디치 가문의 영향력으로 피렌체가 르네상스의 중심지로 부상할 수 있었고, 수백 년이 지난 지금 피렌체는 세계적인 관광 도시가 되어 피렌체 시민들은 관광객을 대상으로 경제적 보상을 얻고 있다. 만일 메디치 가문이 다른 유럽의 영향력 있던 가문처럼 폭력과 강압으로만 지배하였다면 지금과 같은 명성과 영향력을 가질 수 있었을까?

메디치 가문은 수백 년 전에 가장 일반적인 형태였던 강제적인 지배력이 아닌 예술가를 후원하는 창조적인 방식으로 지배하면서 문화 부흥 시대를 열었고, 수백 년이 지난 지금까지 그 영향력을 유지하고 있다. 이렇듯 기존의 패러다임을 뒤엎고 전혀 새로운 방식으로 판을 바꾸는 것을 '창조적 파괴Creative Destruction'라고 한다. 즉, 창조적 파괴는 혁신을 위한 길을 만들기 위해 오랜 관행을 해체하는 것이라고 말할 수 있다.

창조적 파괴라는 용어는 경제학자 슘페터가 제시한 개념으로 창조와 파괴라는 상반된 단어로 구성되어 있다. 슘페터는 혁신을 위해 새로운 기술을 받아들이는 시장경제의 특성과 그로 인하여 낡고 비효율적인 것들을 몰아내는 영향력 모두 시장경제가 가지고 있는 빛과 그림자라고 주장했다. 이렇듯 혁신은 창조와 파괴라는 야누스적인 두 개의 얼굴을 가지고 있다.

21세기 들어서면서 등장한 플랫폼 비즈니스는 이러한 창조적 파괴의 개념을 극명하게 보여주고 있다. 애플은 단순히 아이폰이라는 스마트폰의 기술혁신뿐만 아니라 앱 스토어라는 거대한 플랫폼을 구축해 완전히 새로운 소비 패턴을 창조해냈다. 이는 기존의 소프트웨어 유통산업 및 셀룰러폰 시장의 파괴를 의미한다.

가입자 수 2억 명을 돌파한 온라인 스트리밍 플랫폼 기업 넷플릭스는 전 세계 온라인 동영상 시장 점유율 30%로 1위를 차지하면서 Netflix Effect(넷플릭스 효과)를 창조했으나, 기존의 디스크 대여 산업 및 전통적인 미디어 산업을 파괴시키면서 관련 회사들을 모두 Netflixed(넷플릭스화) 되도록 했다.

21세기 들어 시작된 디지털 시대, 4차 산업혁명 시대에 플랫폼 비즈니스의 위력은 갈수록 커질 것이다. 시간과 공간의 제약을 받지 않는 플랫폼의 편리함에 익숙해진 사람들은 쉽게 플랫폼을 벗어나지 못하고 Lock-In 되어 그 플랫폼 안에서 소비자가 되기도 하고 또 생산자가 되기도 해서 더욱 플랫폼 비즈니스를 활성화하고 있다.

이런 흐름에서 2020년부터 시작된 코로나 상황은 사람들로 하여금 더욱 디지털 플랫폼에 몰려들게 하였다. 비대면 비즈니스가 활황되면서 사람들은 더 이상 오프라인 마켓을 방문하지 않고 온라인으로 생활필수품을 주문하고, 식당을 방문하지 않고 배달 앱을 통해 음식을 주문하고, 극장에 가지 않고 넷플릭스를 통해 영화를 본다.

게다가 디지털 환경에 익숙한 MZ세대들이 경제의 주체가 되어 가면서 플랫폼 비즈니스의 경제 규모는 날이 갈수록 커지고 있다. FAANG으로 불리는 Facebook, Apple, Amazon, Netflix, Google은 모두 플랫폼 기업으로 시가총액 최상단을 차지하고 있고, 국내에서도 네카라쿠배당토로 불리는 네이버, 카카오, 라인, 쿠팡, 배달의민족, 당근마켓, 토스도 각각 강력한 서비스 플랫폼을 구축하면서 국내 경제를 좌지우지하고 있다.

앞에서 언급했듯이 이런 플랫폼 비즈니스의 창조는 또 다른 골목 상권, 오프라인 매장들의 파괴를 동반한다. 어쩔 수 없는 시대적 흐름이지만 상생의 해법을 찾아야 할 시점이다. 사실 플랫폼 비즈니스도 미래에 어떤 또 다른 창조적 파괴에 의해 사라지게 될지도 모르는 것이다.

승자독식 플랫폼 생태계

한때 TV 개그 프로그램에서 '1등만 기억하는 더러운 세상'이라는 유행어로 크게 히트한 코너가 있었다. 이 유행어는 그저 개그 프로그램의 재미있는 대사로만 생각할 수도 있지만, 가만 생각해보면 정말 맞는 말이기도 하다. 특히 21세기 들어 형성된 플랫폼 비즈니스의 세계에서는 절대 진리에 해당하는 말이다.

실제로 미디어 엔터테인먼트 OTT 플랫폼의 넷플릭스, 검색엔진 플랫폼의 구글, 모바일 메신저 플랫폼의 카카오톡, 전자상거래 플랫폼의 아마존, 동영상 공유 플랫폼의 유튜브 등과 같은 플랫폼 기업은 각각 자기 영역의 플랫폼에서 절대 강자의 위치를 지키고 있다. 이들은 유명한 팝송 'The winner takes it all'이라는 노래 제목처럼 승자독식의 체제를 갖추면서 경쟁자의 추격을 불허하고 있다. 21세기는 말 그대로 1등 플랫폼만 기억되는 치열한 세상이다.

그러면 이들은 어떻게 승자의 위치에 올라설 수 있었을까? 21세기 초까지는 세계의 IT 시장은 IBM, HP, Sun, Cisco와 같은 하드웨

어 중심의 기업들이 이끌었다. 이런 하드웨어 중심 기업들의 경쟁력은 누가 더 빠르게 더 많은 데이터를 처리할 수 있는 기술력을 보유하고 있느냐 하는 것이었다.

그러나 이런 하드웨어의 기술이나 네트워크에 대한 기술은 2005년 전후로 거의 평준화가 되어 더 이상 IT 기업의 핵심 경쟁 요소가되지 못했고, 사람들은 이제 속도보다는 지금까지 경험해보지 못한전혀 새로운 제품이나 서비스에 관심을 갖기 시작했다. 이런 급변하는 시장과 고객의 니즈에 맞는 새로운 서비스 모델을 발굴하여 플랫폼을 기반으로 시장을 선점하는 기업들이 2010년을 전후로 등장하기시작했다. 글로벌하게는 FAANG^{Facebook/Apple/Amazon/Netflix/Google}이라는

이름으로, 국내에서는 네카라쿠배당토(네이버/카카오/라인/쿠팡/배달의
민족/당근마켓/토스)라는 이름의 플랫폼 기업으로 세상에 등장하기 시
작했다.

　이들은 기존 전통적인 IT 기업과는 다르게 단순히 Technology
에만 집중한 것이 아니라 테크놀로지 위에 비즈니스 모델을 접목시켜
플랫폼 비즈니스라는 전혀 새로운 형태의 비즈니스를 창출했다. 이
들과의 플랫폼 경쟁에 뒤진 IBM, HP, Dell, Cisco 등과 같은 전통적
IT 강자들은 서서히 시장에서 밀려나기 시작했고 애플, 아마존, 구글,

페이스북과 같은 플랫폼 기업들이 새로운 강자가 되어 시장을 장악하기 시작했다.

그들은 기존의 IT 기업이라 불리기를 거부하고 Big Tech 기업이라는 새로운 기업군을 탄생시키며 국경과 인종, 시간과 공간을 초월한 플랫폼을 구축하여 지구상의 모든 고객을 무섭게 빨아들이기 시작했다. 또한 그들은 기존의 기업들처럼 고객을 확보하는데 많은 시간을 쓰지 않고, 혁신적인 서비스와 마케팅으로 엄청나게 빠른 시간에 고객을 자신들의 플랫폼 안으로 끌어들였다.

2010년에 설립된 카카오는 서비스를 개시한 지 1년 만에 가입자 1천만 명을 확보하였고, 3년 만에 남북한 전체 인구에 해당하는 7천만 명을 돌파하였다. 그리고 시간이 지남에 따라 이러한 플랫폼 기업이 고객을 확보하는 시간은 갈수록 짧아지고 있다. 특히 전 세계를 아우르는 글로벌 플랫폼인 경우에는 더욱 그러하다. 2016년에 등장한 짧은 비디오 영상을 제작 공유할 수 있는 숏폼 동영상 플랫폼인 틱톡은 출시 2년 만에 5억 명을 돌파하였고, 2022년에는 17억 명을 확보하였다. 이처럼 플랫폼 기업의 확장 속도는 어마어마하다.

그러면 플랫폼 기업은 모두 다 성공할 수 있을까? 절대 그렇지 않다. 오히려 짧은 시간 내에 경쟁자보다 먼저 고객과 시장을 선점하여 승자독식의 플랫폼이 되려면 엄청난 투자와 노력이 필요하다. 그만큼 이에 대한 리스크는 더욱 커질 수밖에 없다. 따라서 대부분의 플랫폼 기업은 초기에 획기적인 제품과 서비스로 고객을 확보하고 Lock-In 전략을 통하여 고객을 이탈하지 못하게 하여 1등만 기억되

는 플랫폼이 되어야 성공할 수 있다. 특히 거대한 생태계를 구축한 플랫폼은 절대강자의 위치를 차지할 수 있다. 애플은 앱 개발이라는 새로운 직업군을 탄생시키며 거대한 앱 생태계를 창출해 2010년 이후 세계에서 가장 시가총액이 높은 회사로 10년이 넘게 군림하고 있다.

그러면 향후에는 어떠한 플랫폼 생태계가 새롭게 시장의 질서를 재편할 수 있을까? 이는 그 누구도 의심의 여지없이 생성형 인공지능 생태계가 될 것이다. 2022년 11월 Open AI가 출시한 챗GPT는 말 그대로 진 세계에 생성형 AI의 신드롬을 일으켰다. 기존의 인공지능은 주로 텍스트 처리에 주력한 반면에 챗GPT는 멀티모달Multi Modal 모델을 채택하여 텍스트, 이미지, 오디오, 비디오 등 다양한 데이터를 동시에 처리함으로써 분석 및 학습에 뛰어난 결과를 도출해낼 수 있게 해준다.

챗GPT는 출시 3개월 만에 활성 사용자 1억 명을 돌파하면서 역대 최단기간에 1억 명을 돌파한 앱이 되었다. 이런 챗GPT의 공세에 다른 경쟁사의 행보가 바빠졌다. 승자독식의 플랫폼 생태계 구조상 챗GPT가 생성형 인공지능 플랫폼의 절대강자가 되기 전에 경쟁력을 확보하지 못하면 챗GPT가 'The winner takes it all' 하기 때문이다.

알파고 딥마인드로 유명한 구글은 부랴부랴 바드를 출시하면서 생성형 AI의 경쟁에 뛰어들었고, 아마존도 자체 개발의 대규모 언어 모델인 타이탄을 적용한 기업용 클라우드 서비스 베드록을 발표했으며, 이에 질세라 일론 머스크와 마크 저커버그도 생성형 AI 경쟁에 가세했다. 바야흐로 Big Tech 기업의 생성형 AI 전쟁이 시작되었다.

기선제압에 성공한 챗GPT는 플러그인을 통해 외부 앱 서비스까지 연동하면서 전체 인터넷 생태계에 영향을 미치고 있다. 이제 단순히 챗GPT를 통해 원하는 답을 얻는 수준을 초월하여 호텔 예약 및 쇼핑 등을 챗GPT를 통해 스마트한 앱 서비스를 받을 수 있게 하고 있다.

애플이 앱 스토어를 통해 모바일 iOS 앱 생태계를 구축하고, 이에 대응하여 구글이 플레이 스토어를 통해 안드로이드 앱 생태계를 건설한 것처럼 챗GPT는 모바일 앱 생태계를 통째로 생성형 앱 AI 생태계로 변화시키려는 야심차고 원대한 계획을 실행하고 있다.

이제는 플랫폼에 대한 핵심 가치가 검색에서 정답From search to

^{answer}으로 바뀌고 있다. 즉, 사람이 검색해서 정답을 찾는 것에서 생성형 인공지능에게 직접 정답을 얻는 것으로 변화하고 있는 것이다. 그리고 그 정답에 대한 사람들의 신뢰도가 점점 더 커지고 있다.

플랫폼으로 무장한 Big Tech가 전통적인 IT 기업들을 시장에서 내몰았듯이 챗GPT와 같은 New Tech가 Big Tech를 또 언제 시장에서 축출할지도 모른다. 애플, 구글, 아마존, 메타와 같은 Big Tech가 생성형 인공지능 개발에 사활을 걸고 있는 이유이다.

앞으로는 '1등만 기억하는 더러운 세상'이 아니라 '1등만 살아남는 무서운 세상'이 될지도 모르겠다.

CHAPTER 5

애자일Agile,
그 도전과 응전

애자일, 애잡을일?

요즘 애자일Agile이란 단어가 단연 화두다. 특히 잘나간다는 빅테크 기업이나 플랫폼 기업은 모두 애자일 방식을 채택하고 있다고 알려져 더욱 관심이 커지고 있다. 사실 미국의 GAFAM(구글/애플/페이스북/아마존/마이크로소프트)이나 FAANG(페이스북/애플/아마존/넷플릭스/구글)과 같이 시가총액 최상단 그룹에 있는 모든 기업들은 애자일 방식을 취하고 있고, 이들은 스스로 애자일 방식이 성공적인 경영 성과의 주요인이라고 말하고 있다.

또한 국내에서도 디지털 시대, 코로나 시대, 4차 산업혁명 시대를 맞아 세칭 잘나간다는 네카라쿠배당토(네이버/카카오/라인/쿠팡/배달의민족/당근마켓/토스)와 같은 회사들도 모두 애자일 방식을 택하고 있고, 또한 애자일 방식이 그들의 성공비결 중 하나라고 말하고 있다. 이런 민간기업뿐 아니라 정부도 애자일 정부를 표방하고 있으니 요즘 애자일이 대세임에는 틀림이 없다.

그렇다면 애자일 방식은 과연 무엇을 의미하는 것일까? 애자일

Agile의 사전적 의미는 '민첩한'이란 뜻이다. 즉, 애자일 기업이나 정부는 민첩한 기업, 민첩한 정부라는 의미이다. 여기에서 민첩함은 기업이나 정부와 같은 조직이 환경의 변화에 빠르게 적응하는 능력을 말한다. 그러면 어떻게 환경의 변화에 빠르게 적응할 수 있을까?

환경의 변화에 빠르게 적응하려면 전통조직에서 애자일 조직으로, 전통적인 프로세스에서 애자일 프로세스로, 전통적 문화에서 애자일 문화로 전환해야 한다. 이를 Agile Transformation, 애자일 전환이라고 한다.

조직은 부문〉본부〉팀과 같은 전통 수직적 계층조직에서 셀Cell 또는 스쿼드Squad라고 부르는 소규모 수평적 자율조직인 애자일 조직으로 변해야 한다. 대표적인 애자일 회사인 아마존은 모든 팀을 2Pizza 팀이라고 부른다. 이는 빠른 의사결정과 실행을 위해 스스로 의사결정 권한을 갖는 소규모 팀을 만들기 위해 피자 2판 정도 먹을 수 있는 인원으로 구성해서 붙여진 이름이다.

프로세스는 연간 단위의 사업 수행이나 수년 단위의 프로젝트 실행에서 스프린트Sprint 또는 이터레이션Iteration이라고 부르는 주 단위의 짧고 반복적인 프로세스로 변해야 한다. Agile Native 회사로 알려진 네이버나 카카오 같은 회사는 전통적인 회사가 일반적으로 매년 초에 의례적으로 하는 시무식을 갖거나 별도로 신년사를 발표한 적이 한 번도 없다고 한다. 회사 관계자는 당장 다음 달 또는 3개월 뒤에 어떤 변화가 있을지 모르고, 회사 전략도 시시각각 변하는데 연초에 모여 1년 동안 무얼 해보자고 계획을 밝히는 것이 큰 의미가 없을 것 같아 하지 않는다고 말하고 있다.

문화는 상의하달의 수직적 문화에서 각 애자일 팀이 자율적으로 협업 소통하고 스스로 의사결정하며 동기 부여된 수평적 문화로 변해야 한다. 애자일 문화는 Servant 리더십, 진정성 리더십 그리고 리더와 팔로워 간에 서로 존중하고 신뢰하는 문화를 중요시한다.

국내 대표적인 애자일 회사인 카카오 뱅크는 매년 다음 해 회사 빌딩에 주차할 수 있는 권리를 가질 수 있는 추첨 행사에 대표이사도 직접 참여해 추첨한다고 한다. 회사 대표도 추첨에서 당첨되지 못하면 빌딩에 주차하지 못하고 주변에서 주차가 가능한 다른 빌딩을 찾아야 한다고 한다. 애자일 문화의 한 단면을 보여주는 사례이다.

그렇다면 애자일 방식은 항상 옳고, 전통방식은 무조건 좋지 않은 것인가? 절대 그렇지 않다. 세상에 절대 진리는 없듯이 애자일

도 모든 것을 해결하는 만능키는 아니다. 특정 조직의 문화와 특성 상 애자일 방식이 맞을 수도 있고, 전통방식이 맞을 수도 있다. 단지 4차 산업혁명의 첨단 기술이 등장하고, 모든 것이 변동성Volatility이 높 고 불확실하며Uncertainty 복잡하고Complexity 애매해진Ambiguity VUCA 시대 의 도래, 그리고 기성세대와는 전혀 다른 생각과 경험을 가진 Digital Native MZ세대의 등장, 코로나로 비대면이 일상화된 21세기 현재 기 존방식이 더 이상 경쟁력을 유지하지 못한다면 새로운 방식, 즉 애자 일 방식으로 일하는 방식을 전환해야 하는 것은 더 이상 선택이 아닌 필수가 되어가고 있다.

그러나 애자일 전환은 단순한 것 같지만 절대 쉽지 않은 일이다. 많은 조직들이 애자일 전환을 시도했다가 실패했다. 애자일을 하려고 했다가 오히려 '애잡을일'을 한 것이다. 애자일 전환에 성공하려면 사

전에 치밀한 전략 수립과 강력한 추진 조직 그리고 지속적인 교육과 변화관리가 따라야 한다. 무엇보다 조직원과 커뮤니케이션은 가장 중요한 성공 요인이다. 애자일 전환 작업이 애자일 티핑 포인트에 도달하면 스노우볼 효과를 보게 되어 엄청난 성과를 얻게 되지만, 티핑 포인트에 도달하지 못하면 그리스 로마 신화에 나오는 시지프스 효과처럼 바위를 산 정상에 올리지 못하고 영원히 바위를 굴려 올리는 형벌을 받는 애잡을일을 계속하게 된다.

애자일을 할 것인가, 애잡을일을 할 것인가?

애자일 시대/VUCA 시대

새천년이 시작된 2000년 무렵부터 급속도로 활성화된 인터넷은 세상을 온통 바꾸어 놓았다. 인류의 삶을 송두리째 바꾸어 사람들은 더 이상 은행에 가지 않고 집에서 인터넷 뱅킹을 통해 돈을 송금하기 시작했고, 아침마다 배달되던 신문을 읽지 않고 인터넷을 통해 뉴스를 읽기 시작했다. 이때 새로 시작된 인터넷 시대에 제대로 대응하지 못한 많은 기업들이 사람들의 기억속에서 사라져 갔다.

그로부터 10년 후, 2010년대에 들어서자 사람들은 이제 집 안에 있는 책상 위의 컴퓨터로 인터넷을 사용하려 하지 않고 손 안의 컴퓨터로 인터넷을 사용하기 시작하였다. 사람들은 더 이상 길에서 택시를 잡지 않고 앱을 통해 택시를 호출하기 시작했고, 퇴근하면서 슈퍼에 들러 식료품을 사지 않고 지하철에서 배달 앱을 통해 식료품이 내일 새벽에 집 앞에 배송되도록 했다. 비야흐로 모바일 시대가 도래한 것이다. 이 모바일 시대에 제대로 대응하지 못한 많은 기업들 역시 조용히 사라져 갔다.

　이렇듯 인터넷 시대, 모바일 시대를 아우르는 디지털 시대에 새로운 시대적 트렌드에 대처하지 못하고 고객과 시장의 거스를 수 없는 변화 요구를 과소평가한 기업들은 시장에서 사라진 반면, 새로운 게임의 법칙을 주도하며 민첩하게 변화를 이끈 기업들은 게임 체인저로서 시장을 지배하고 있다.

　1887년 세계 최초로 휴대용 사진기를 개발한 코닥은 1990년대까지 필름을 코닥이라고 부를 정도로 카메라와 필름의 대명사로 불리며 승승장구하였으나 디지털 시대에 적응하지 못하고 2012년에 파산하였다. 아이러니하게도 코닥은 1975년 세계 최초로 디지털 카메라를

만든 회사이다. 그러나 코닥은 디지털 카메라가 자신들이 지배하고 있는 기존의 필름 시장을 위협할 것이라 판단하고 상용화를 거부했다가 결국 경쟁사의 디지털 카메라 공세에 파산하고 말았다. 이렇듯 시대적 흐름에 역행하는 기업은 결코 살아남지 못한다는 사실은 당연하고도 단순한 진리이다.

2020년대가 시작된 지금의 현대사회를 'VUCA' 시대라고 부른다. 이는 불안정Volatility하고 불확실Uncertainty하며 복잡Complexity하고 애매모호한Ambiguity 사회를 의미한다. 그만큼 변화가 빠르고 미래예측이 불확실하고 다양하여 의사결정 및 방향설정이 어렵다는 말이다. 따라서 기업이 이를 극복하고 현대의 VUCA 사회에서 살아남기 위해서는 또 다른 의미인 'VUCA'를 실현해야만 한다. 즉, 기업은 비전을 제시하고 Visionary 시장과 고객을 이해하며Understanding 명확한 방향설정Clarity과 민첩하게 대응하는Agility 기업이 되어야만 한다는 의미이다. 특히 이 중에서 민첩한 기업으로의 탈바꿈은 현대사회에서 기업 생존의 가장 중요한 핵심 요인이다.

디지털 시대에 접어들면서 IT 기술이 J-curve의 속도로 급격히 발전함에 따라 컴퓨터의 칩 속도나 메모리의 용량, 네트워크 스피드와 같은 IT 인프라의 발전은 가히 상상을 초월할 정도로 가속화되고 있다. 그러나 아직도 사람의 일하는 방식이나 조직 형태, 문화 등은 수십 년 전의 모델을 그대로 사용하는 기업이 많다. 빠르게 변하는 시장과 고객의 요구에 민첩하게 대응하지 못하면 아무리 좋은 기술과 인프라를 가지고 있어도 그런 기업은 결코 살아남을 수 없다.

이제는 기업의 민첩성이 적자생존의 키워드가 되고 있다. 2000년대가 인터넷 시대, 2010년대가 모바일 시대라면 2020년대는 이제 VUCA 시대이자 애자일 시대이다. 2016년 설립된 카카오 뱅크는 2024년 2월 현재 시가총액 14조원으로, 이는 코스피 상장사 전체에서 26위에 해당하는 엄청난 성장이다. 한때 카카오 뱅크는 시가총액 30조원을 돌파해 금융업계 전체 시가총액 1위와 코스피 전체에서 시가총액 10위에 해당한 적도 있었다.

카카오 뱅크는 어떻게 설립 8년이라는 짧은 시간에 단숨에 코스피 상장사 시가총액 상위 그룹의 기업이 되었을까? 물론 전 국민이 사용하는 국민 SNS 카카오톡이라는 강력한 플랫폼을 기반으로 한 인터넷 뱅킹이지만 금융업이라는 특수성을 감안하면 결코 쉽지 않은 성과이다.

이런 성공의 가장 큰 요인은 바로 '애자일'이다. 카카오 뱅크는 기존의 덩치 큰 은행과의 싸움을 준비하면서 '큰 물고기가 작은 물고기를 먹는 것이 아니라 빠른 물고기가 느린 물고기를 먹는 것이다'라는 애자일 전략으로 제품이 완벽해질 때까지 기다리는 것이 아니라 VUCA 시대의 불확실성 속에서 제품을 빠르게 내놓고 시장의 흐름을 파악 대응하면서 수정 보완해 나가는 방식을 택했다. 즉, 모든 것을 다 갖춘 소위 슈퍼 앱을 만들려 하지 않았고, 또 초기 제품의 실패를 전혀 두려워하지 않는 철저한 애자일 방식으로 고객과 시장의 반응을 민첩하게 그리고 자주 반영하였다. 그리고 코스피 시가총액 상위 그룹의 기업이 되었다.

2020년 12월 대한민국 배달 앱 1위 기업인 배달의민족이 독일의 Delivery Hero라는 기업에 40억 달러에 합병되어 이제는 배달의민족이 아닌 게르만 민족이 되었다는 우스갯소리가 인구에 회자되었다. 40억 달러는 한화로 약 4조7,500억원에 해당하는 천문학적인 숫자이다. 배달의민족은 어떻게 이렇게 큰 금액을 받고 인수합병이 되었을까? 경영하는 디자이너라고 불리는 배달의민족의 김봉진 대표는 성공적인 매각의 비결에 대해 서슴지 않고 애자일 전략이었다고 말한다.

배달의민족은 '고객은 항상 이런 형태일 거야'라는 생각이 가장 위험한 생각이라며 고객은 항상 예측불허라는 전제하에 고객의 행동을 예측하는 것보다는 고객들의 변하는 취향에 바로바로 대응하는 그들만의 독특한 애자일 방식으로 앱을 개선해 나갔고, 이러한 애자일 전략이 배달의민족을 40억 달러의 가치를 가진 기업으로 만들었다고

말한다.

4차 산업혁명 시대에 예측 불가한 기술의 발전, VUCA 시대에 불확실한 시장과 고객의 변화에 더 이상 애자일을 하나의 옵션으로 생각하는 것은 너무도 위험한 발상이다. 6개월간 시장조사하고 6개월간 프로젝트 기획하고 예산 확보하여 1년간 개발하여 2년에 한 번씩 업그레이드되는 어떤 서비스 앱과, 1달 단위로 시장과 고객의 요구를 반영하여 새로 업그레이드되는 서비스 앱 중 어떤 것이 더 경쟁력이 있는지는 굳이 대답할 필요조차 느끼지 않는다. 애자일은 더 이상 선택이 아닌 필수이다. 그리고 이는 아주 단순한 진리이다.

그런데 이 단순한 진리를 실천하지 못해 또 다른 '코닥'이 되어 시장에서 사라지는 기업들이 많은 것은 또 무슨 아이러니일까? 적자생존適子生存이라는 고사성어가 있다. 이는 환경에 적응하지 못하는 생명은 살아남지 못한다는 말이다. 이제 이 고사성어는 애자일 세계에 들어선 현대사회에서는 민첩하지 못한 생명은 살아남지 못한다는 뜻의 속자생존速子生存이라는 말로 바꾸어야 할 것 같다.

2020년대 새로운 10년, 불확실성의 VUCA 시대가 도래하였다. 그리고 이 VUCA 시대의 유일한 생존 대안인 애자일 시대 또한 열렸다. 앞으로 10년, 누가 사라지고 누가 살아남을 것인가?

Yes, we can! Yes, we agile!

1970년대 말 일본 경제는 세계 1위의 경제대국인 미국을 위협할 정도로 크게 성장하였다. 당시에는 일본 땅 전체도 아닌 도쿄 땅만 팔아도 미국 전체를 살 수 있다고 할 정도로 일본 경제의 위세는 대단했다. 이런 일본 경제의 성장 배경에는 토요타 생산 시스템TPS : Toyota Production System과 같은 독특하고도 효율적인 관리 시스템이 있었기 때문이다.

토요타는 TPS 방식으로 북미 시장에서 미국의 3대 자동차 메이커인 GM, 포드, 크라이슬러를 위협하는 수준으로 성장했고, 이 TPS는 자동차 산업에만 국한되지 않고 일본의 제조업, 서비스업 등 산업 전 분야에 걸쳐 확산되어 일본 경제 혁신의 대명사가 되었다. 이 TPS는 린Lean 방식이 가장 중요한 개념인데, 린 방식은 한마디로 불필요한 낭비 요소를 제거하는 방식을 말한다.

TPS의 린 방식을 구현하는 것 중 가장 대표적인 것이 JITJust In Time이다. JIT는 재고 없는 생산 시스템을 뜻한다. 즉, 제품을 생산할 때 부품을 미리 잔뜩 쌓아 놓고 생산하는 것이 아니라 그날그날 필요한

부품만 납품업체로부터 공급받아 생산하는 Pull 방식으로, 생산할 준비가 되었을 때만 부품을 당겨오는 방식으로 재고관리 비용을 0으로 만들 수 있어서 생산비용을 크게 절감하였다. 이 JIT를 가능하게 만든 것이 바로 칸반 시스템이다.

칸반은 간판看板의 일본식 발음으로 각종 부품 관련 정보를 담은 기록표인데, 모든 부품 상자에 부착되어 있어 부품 박스가 비워지면 자동으로 납품업체에 정보가 전해져 실시간으로 납품지시가 전달된다. 이 칸반은 2000년대 들어 소프트웨어 산업에서 만든 애자일 방식에 도입되어 애자일의 아주 중요한 사상이면서 철학이자 Method가 되었다.

TPS에서 또 하나 빼놓을 수 없는 것이 카이젠이다. 카이젠은 개선改善의 일본식 발음으로 생산과정에서 발견되는 문제점을 끝없이 개선하는 것을 말한다. 이 카이젠은 제품의 품질을 향상시켜 일본 제품을 세계시장에서 경쟁력 있게 만들었다. 이 카이젠 또한 애자일 방식에 도입되어 애자일의 궁극적인 목표인 끝없는 개선 문화의 근간이 되었다.

일본은 이런 TPS 방식과 같은 독특한 관리 기법으로 1980년대 말까지 엄청난 경제 성장을 이루었다. 그러나 1990년대에 들어서면서부터 일본은 주가와 부동산이 폭락하면서 경제의 거품이 꺼지고, 변화를 싫어하고 개혁과 혁신을 꺼려하는 국민성까지 겹쳐 경기 침체가 시작되면서 지금까지도 그 늪에서 벗어나지 못하고 있다. 이를 두고 일본의 '잃어버린 30년'이라고 부른다.

2001년 미국 유타주에서 17명의 소프트웨어 개발자가 애자일 선언문Agile manifesto을 발표하면서 소프트웨어 업계에 애자일 방법론이 처음으로 등장했는데, 이 애자일 방법론은 토요타 TPS의 Pull 방식의 칸반과 끝없는 개선을 추구하는 카이젠, 인간을 존중하는 문화와 불필요한 낭비 요인을 제거하는 린 개념 등을 기반으로 만들어졌다.

이런 애자일 방법론을 도입한 애플이나 아마존, 구글 같은 많은 혁신기업들은 21세기 들어 엄청난 성공을 거두면서 전 세계 시가총액 상위 5위 내에 위치하고 있는데 반해 린, 칸반과 카이젠의 원조 격인 토요타 자동차는 30위에도 들지 못하고 있으니 참 아이러니하다.

2001년 소프트웨어 산업에서 시작된 애자일 방식은 이후에 소프트웨어 산업에만 국한되지 않고 금융, 제조, 건설 등 거의 모든 산업 분야에 걸쳐 도입되었고, IT 부서뿐 아니라 마케팅, 인사, 재무, 영업, 생산 등 모든 기능 부서에도 다양하게 도입되고 있다. 21세기가 시작되면서 디지털 시대, 4차 산업혁명의 시대가 도래하였고, 특히 2020년부터 시작된 코로나 시대는 기존의 패러다임을 급격하게 변화시켰고, 이러한 패러다임의 변화는 일하는 방식을 기존의 전통방식에서 새로운 방식으로의 변화를 가져오게 하였다.

1년 단위의 사업 계획과 예산 계획은 급변하는 시장의 요구나 규정의 변경 그리고 최첨단 디지털 기술을 반영하기 힘들어졌고, Silo 형태의 조직 구조는 여러 부서의 협업과 소통을 원활하게 할 수 없으며, 상명하복의 계층구조는 창의적인 혁신을 불가능하게 만들고, 납기중심의 프로젝트는 고객에게 진정한 가치를 적기에 제공해주지 못하고 있다. 이젠 이런 기존의 전통적으로 일하는 방식은 더 이상 효과를 보기 어려운 시대가 되었다.

더욱이 빛의 속도로 변화하고 있는 현대사회에 있어서 민첩하게 변화하고 대응하지 못하면 살아남기가 쉽지 않다. 많은 조직들이 애자일 조직으로 바꾸고, 애자일 프로세스와 애자일 문화로 전환하는 이유이다.

경영의 귀재 GE의 전 회장 잭 웰치는 "변하지 않으면 안 될 상황에 처하기 전에 변화하라Change before you have to"라고 했다. 변화는 그만큼 중요하다. 그러나 변화는 매우 어렵다. 하지만 21세기는 변화하지 못

하면 생존할 수 없는 시대이기에 이제 전통방식에서 애자일 방식으로 일하는 방식을 바꿔야 할 때이다. 그렇지 않으면 잭 웰치의 경고처럼 변하지 않으면 안 될 상황을 맞게 될 것이다.

  미국의 최초 흑인 대통령 오바마는 'Yes, we can!'이라는 슬로건으로 미국에 변화의 바람을 일으켜 44대 대통령이 되었다. 백인이 주류를 이루고 있는 미국에서 무명의 상원의원이었던 오바마는 이라크 전쟁과 아프가니스탄 전쟁에 지치고 금융위기에 거덜난 미국인에게 변화와 희망의 메시지를 던지며 사상 최초로 미국의 흑인 대통령이 되었고, 지금까지도 성공한 대통령으로 평가받고 있다. 그는 퇴임

식 연설에서 "국민 여러분이 변화 그 자체였습니다"라고 말하며 "Yes, we can!, Yes, we did!, Yes, we can!"이라는 감동적인 말로 끝을 맺었다.

디지털 시대, 4차 산업혁명 시대를 맞이하여 변화의 바람을 넘어 변화의 태풍에 대처해야 하는 기업들도 이제 살아남기 위해, 성공하기 위해 오바마 대통령의 'Yes, we can!'과 같은 'Yes, we agile!'이라는 슬로건으로 Agile Transformation을 시작해야 한다. 도전하지 않으면 실패할 수 있는 기회조차 없기 때문이다.

애자일은 실패를 두려워하지 않고, 실패로부터 배우는 방식이다. Agile Transformation을 시작한 기업도 언젠가 "Yes, we agile!, Yes, we did!, Yes, we agile!"을 외칠 수 있는 날이 올 것이다.

DX with AX

우리는 지금 4차 산업혁명 시대를 살고 있다고 말한다. 그런데 우리는 언제부터 4차 산업혁명 시대에 살고 있다고 말하게 되었을까? 즉, 4차 산업혁명은 과연 언제부터 시작되었을까?

미래학자 앨빈 토플러가 1980년에 작성한 〈제3의 물결〉에서 인류가 제1의 물결인 농업혁명, 제2의 물결인 산업혁명을 거쳐 제3의 물결인 정보화 혁명으로 가고 있다고 예측한 이후, 우리는 언제부터인가 부지불식간에 제4의 물결인 4차 산업혁명 시대를 살고 있다고 생각하고 있다.

이 4차 산업혁명이라는 용어는 세계경제포럼 회장인 클라우스 슈바프가 2016년 1월 스위스 다보스에서 열린 세계경제포럼에서 주장한 이후 전 세계적으로 퍼져 나갔고, 우리는 자연스럽게 4차 산업혁명 시대를 살아가고 있다고 말하게 되었다.

1차 농업혁명 시대에 소와 같은 동물의 힘을 이용하여 쟁기와 같은 도구를 사용하는 Tool Transformation(도구 전환)이 이루어졌

다면, 2차 산업혁명 시대에는 증기나 전기와 같은 동력을 사용하는 Power Transformation(동력 전환)이 이루어졌고, 3차 정보화 혁명 시대에는 컴퓨터와 인터넷의 발명으로 지식을 쉽게 획득하고 공유하는 Knowledge Transformation(지식 전환)이 이루어졌다.

이제 현재를 살아가는 4차 산업혁명 시대에는 인공지능, 블록체인, 클라우드, 빅데이터, IoT 등 최첨단 디지털 기술을 이용한 Digital Transformation(디지털 전환)이 전방위적으로 이루어지고 있다. 그리고 마치 디지털 전환을 하지 못하면 조직의 생존을 보장할 수 없다는

듯이 분야를 막론하고 모든 조직들이 디지털 전환에 사활을 걸고 있다. 디지털 기업/디지털 정부/디지털 학교/디지털 병원 등 세상은 온통 디지털 전환에 빠져 있다고 해도 과언이 아니다.

그런데 디지털 전환을 의미하는 DX^{Digital Transformation}(영어권에서는 Transformation의 약자를 X로 표기함)의 정확한 정의는 과연 무엇일까? DX를 한마디로 정의하면 고객에게 더 나은 가치를 제공하기 위해 조직이 디지털 기술을 도입하여 아날로그 형태의 제품, 서비스, 운영체계 등을 디지털 형태로 전환하는 것을 말한다. 예를 들어, 은행 고객이 자금 이체를 위해 은행에서 번호표 뽑고 기다리던 아날로그 형태의 서비스를 디지털 모바일 뱅킹 시스템을 구축하여 언제 어디서든 고객이 스스로 자금이체를 할 수 있도록 해주는 것이거나, 회사원이 저녁 회식 후 집에 갈 때 택시를 잡기 위해 길가에 서서 빈 택시가 올 때까지 무작정 기다리던 것을 카카오 택시 앱으로 호출하여 편리하게 택시를 탈 수 있도록 해주는 것과 같은 것이다.

그런데 성공적인 DX를 위해서는 단순히 디지털 기술을 도입하여 고객을 위한 프로세스를 단순화하는 것만으로는 부족하다. 성공적인 DX를 수행하기 위해서는 디지털 기술을 수반한 전혀 새로운 비즈니스 모델을 창조해 고객에게 새로운 가치를 제공할 수 있어야 하고 또한 이는 일반적인 개선이 아닌 창조적 파괴를 동반한 혁신^{Innovation}이 반드시 뒷받침되어야 한다.

이렇듯 디지털 시대인 현대사회에 있어서 DX는 기업이 생존하는 데 있어서 매우 중요한 요소이다. 이젠 DX로 무장된 혁신적인 디

지털 제품, 서비스를 고객에게 제공하지 못하면 시장에서 도태되는 것은 명약관화한 일이다. 모든 기업들이 DX에 엄청난 관심과 투자를 집중하고 있는 이유이다. 특히 디지털 네이티브인 MZ세대가 경제의 주체 세대가 되고 있는 현 시점에서 DX는 말 그대로 기업의 생존 전략 1순위가 될 수밖에 없다.

따라서 모든 기업들이 DX에 사활을 걸고 집중적인 투자를 하고 있다. 그런데 아이러니하게도 DX의 필수불가결한 요소인 애자일 전환AX, Agile Transformation에 대한 투자는 상대적으로 매우 인색하다. 왜 이런 현상이 발생하고 있을까? 스위스의 세계적 경영연구소 IMD는 보고서 'Digital Business Agility and Workforce Transformation'에서 다음과 같은 Insight를 제공했다.

"혁신적 파괴를 위해 기업들이 Business Agility를 개발하기 시작하고 있다. 그러나 아쉽게도 많은 회사들이 IT와 비즈니스 프로세스에만 Transformation 노력을 집중하고 사람에 대해서는 간과하고 있다. 사실 기업들이 혁신을 이루고 고객에 대한 새로운 가치를 창출하는 더 훌륭한 방법은 더 나은 인력관리에 초점을 맞추는 것이다. 기업의 궁극적 성공과 새로운 레벨의 협업과 혁신을 창출하기 위해 직원에게 더 많은 권한을 이양하고 그들을 Transformation 하는 방법을 탐구해야 한다."

IMD는 사람에 대한 Transformation, 즉 AX가 이루어져야만 진정한 DX를 실현할 수 있다고 이 보고서를 통해 주장하고 있다. 이렇듯 AX가 없는 DX는 마치 최첨단 기술을 장착한 초고가 자동차를 사고도 운전자가 예전 방식 그대로 핸들과 액셀러레이터 그리고 브레이크만 사용하는 것과 같은 이치이다. 많은 돈을 들여서 DX를 완성한다 하더라도 이를 운영하는 사람에 대한 Transformation, 즉 일하는 방식WoW, Way of Working이 바뀌지 않으면 그 효과는 아주 미미하게 될 것이다.

조직이 DX를 하는 궁극적인 이유는 비즈니스의 민첩성Business Agility을 확보하여 고객에게 경쟁사보다 더 빨리 더 좋은 가치를 제공하기 위해서이다. 이를 위해 많은 기업들은 각 산업 형태에 맞는 디지털 전환Industry vertical DX을 수행하고 이를 지원하기 위해 클라우드 환경 도입, MSA 도입, Application 현대화Modernization와 같은 IT 신기술 전환Technology Transformation을 도모하고 있다.

그러나 이러한 디지털 전환DX이나 테크놀로지 전환TX은 수평적

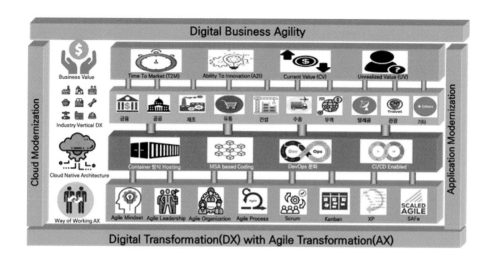

자율문화와 권한이 주어진 애자일 조직이, 서로를 존중하고 협업을 중시하는 애자일 문화를 가지고, 짧고 반복적인 주기의 애자일 프로세스를 통하여 실패를 두려워하지 않는 실험정신으로, 고객에게 새롭고 혁신적인 가치를 빠르고 지속적으로 제공하는 애자일 방식으로의 전환AX, Agile Transformation 없이는 그 효과가 반감될 수밖에 없다. DX를 하든 TX를 하든 결국은 사람이 그 중심에 있기 때문이다. DX with AX가 되어야만 하는 이유이다.

Does agile matter?

20여 년 전인 2003년 미국의 니콜라스 카^{Nicholas Carr}라는 IT 저널리스트가 〈하버드 비즈니스 리뷰^{HBR}〉에 'IT doesn't matter(IT는 더 이상 중요하지 않다)'라는 제목의 칼럼을 실었다. 제목에서부터 느낄 수 있듯이 이 칼럼은 많은 논쟁을 불러일으킬 수 있는 내용을 포함하고 있었다.

니콜라스 카는 칼럼에서 IT가 더 이상 중요하지 않은 이유에 대해 산업혁명 시대의 전기를 예로 들어 설명하였다. 그는 산업혁명 시대의 초기에는 전기를 사용하는 기업이 전기를 사용하지 않는 기업보다 엄청난 생산성을 보였지만 이제는 모든 기업이 전기를 사용하기 때문에 전기는 더 이상 경쟁 우위의 요소가 아니므로 전기에 전략적 투자를 하는 기업은 없다고 말하면서, 전기는 여전히 기업에 있어서 필요하기는 하지만 이제는 더 이상 전략적 투자의 대상이 아니고 비용 절감의 대상이라고 말하였다.

이와 마찬가지로 2000년대 들어 대부분의 기업이 Y2K 문제를 해결하면서 IT에 많은 투자를 하여 정보화를 이루었기 때문에 IT도 더 이상 경쟁 우위의 요소가 아니라고 주장하면서, 전기와 마찬가지로 IT를 사용해야 하기는 하지만 IT에 더 이상 전략적 투자는 필요 없고 오히려 IT 비용을 최대한 절감하여 다른 분야에 투자해야 한다고 주장하였다.

당시 이 칼럼은 21세기를 맞이하여 Y2K 특수와 인터넷의 확장에 힘입어 IT 산업의 부흥기를 맞은 IT 업계에 엄청난 파장을 일으켰으며, 마이크로소프트의 빌 게이츠 회장이나 HP의 칼리 피오리나 회장과 같은 IT 기업 수장들은 앞다투어 니콜라스 카의 견해에 전면적으로 반박하면서 'IT does matter(IT는 중요하다)'의 당위성을 피력하였다.

그러면 21년이 지난 2024년 현재, 니콜라스 카의 'IT doesn't matter'의 논리는 과연 유효했을까? 2000년대의 인터넷 시대, 2010년대 모바일 시대를 거치면서 IT는 다양한 형태로 변신을 하였고, 특히 2015년 이후 4차 산업혁명 시대를 맞이하여 IT는 디지털이라는 이름으로 탈바꿈하면서 금융/제조/자동차/건설/항공/유통/운송 등 모든 기업들이 업종에 관계없이 하나같이 디지털 기업으로의 변신을 추진하고 있다.

은행은 손 안의 지점인 디지털 뱅킹 시스템을 통하여 고객을 응대하고, 택시업계는 손 안의 택시인 디지털 모빌리티 플랫폼을 통하여 고객을 운송하고, 유통업계는 손 안의 슈퍼마켓인 디지털 상거래 시스템을 통하여 모든 물품을 고객에게 배달한다. 이렇듯 21세기의 세상은 온통 디지털로 통한다.

만일 디지털을 IT의 범주로 간주한다면 21년 전 니콜라스 카의 'IT doesn't matter'는 잘못되었다고 말할 수 있다. 그러나 디지털을 Business의 범주로 간주한다면 그의 주장은 또 옳다고 볼 수 있다. 여기에서 중요한 것은 우리가 21년 전 니콜라스 카의 주장인 'IT doesn't matter'가 맞는지 당시 IT 회사의 수장들이 주장한 'IT does matter'가 맞는지를 논할 것이 아니라, 오늘날 디지털 시대를 살아가는 우리는 'Digital does matter(디지털은 중요하다)'라는 명제가 절대 불변의 진리라는 사실을 철저히 인지해야 한다는 것이다.

디지털 시대를 맞이하여 Industry Vertical의 모든 산업 분야의 기업들은 업종에 상관없이 이제 디지털 전환Digital Transformation, DX이라는 거스를 수 없는 파도에 직면하고 있다. 그리고 이 파도를 넘지 못하는 기업은 결코 살아남기가 쉽지 않다. 그 누구도 'Digital does matter'에 반박하거나 부정하는 사람은 단연코 없을 것이다.

그런데 성공적인 디지털 전환DX을 하기 위해서는 반드시 창조와 혁신이 뒷받침되어야 한다. 그저 하던 방식에 디지털 기술만 도입하는 것은 결코 성공적인 디지털 전환을 완성할 수 없다. 성공적인 디지털 전환의 궁극적인 목표는 고객에게 창조적이고 혁신적인 가치를 민첩하게 그리고 지속적으로 제공하는 것이다.

이를 위해서는 디지털 비즈니스 모델과 디지털 기술뿐 아니라 사람의 일하는 방식Way of Working, WoW이 바뀌어야 한다. 그리고 조직의 일하는 문화와 사고방식이 바뀌어야만 한다. 그래야 진정한 창조와 혁신이 실현되기 때문이다.

21세기 디지털 시대를 맞이하여 19~20세기에 일했던 방식과 문화, 조직, 프로세스 그리고 Mindset을 이젠 새로운 방식, 즉 애자일 방식으로 전환해야만 한다. 이를 애자일 전환Agile Transformation, AX이라고 한다. 그러나 많은 기업들이 'Digital does matter'는 강력하게 주장하면서도 'Agile does matter'에는 아직 매우 인색하다.

글로벌 컨설팅기업 맥킨지의 조직 건강 보고서에 의하면 코로나 이전에 애자일 방식을 도입한 조직의 93%가 그렇지 않은 조직보다 월등한 성과를 보였다고 말하고 있다.

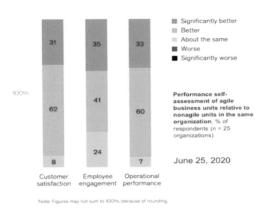

또한 이 보고서에 의하면 글로벌 시가총액 상위에 속해 있는 기업 중에 70% 이상이 애플, 구글, 마이크로소프트, 페이스북, 아마존 등과 같은 최근에 등장한 디지털 혁신기업들이다. 이들이 몸 담고 있는 산업은 각기 다르지만 태생적으로 가지고 있는 조직적 구조, 운영 방식 및 기업문화에서 한 가지 공통점을 보유하고 있는데 그것은 바로 역동성과 안정성을 고루 갖춘 애자일 조직이라는 점이다. 이는 애자일 방식이 21세기에 있어서 기업의 경쟁력을 올리는 경쟁 우위의 요소라고 말할 수 있는 근거를 제시하고 있다.

이렇듯 최근에 이런 애자일 전환이 디지털 전환과 더불어 기업의 또 다른 경쟁 우위의 요소로 급부상하고 있다. 그럼에도 불구하고 아직 애자일 전환은 디지털 전환만큼 우선순위에 있지 않다. 대부분의 기업은 디지털 전환을 기업의 사활을 걸고 추진하고 있지만, 디지털 전환의 근간이 되는 애자일 전환에 대한 투자는 활발하게 이루어지지 않고 있다.

이제 우리는 21년 전 니콜라스 카가 던졌던 화두 'IT doesn't matter' 대신에 'Does agile matter?(애자일은 중요합니까?)'라는 질문을 던져야 할 것 같다. 이 질문에 어떤 사람은 'Agile doesn't matter'라고, 또 어떤 사람은 'Agile does matter'라고 답할 것이다. 그 선택의 결과는 이제 21년 뒤가 아닌 바로 불과 몇 년 뒤에 극명히 드러날 것이다. 우리는 새 시대의 파고 속에서 이 질문에 어떤 대답을 해야 할 것인가?

CHAPTER 6

우주 테크놀로지,
인류의 Last dance

지구 탈출

뉴턴이 사과나무 아래에 누워 있다가 사과가 떨어지는 것을 보고 발견했다는 만유인력의 법칙을 모르는 사람은 아마 없을 것이다. 그런데 이 만유인력의 정확한 정의는 무엇일까?

만유인력은 쉽게 말해서 모든 물체 사이에서 작용하는 서로 끌어당기는 힘을 말한다. 우주상의 모든 물체는 서로 당기는 힘을 가지고 있는데 태양계에서 태양을 중심으로 태양계 행성인 수성, 금성, 지구, 화성, 목성, 토성, 천왕성, 해왕성이 밑으로 추락하지 않고 공전할 수 있는 이유도 바로 이 만유인력 때문이다.

만유인력 중에서 특히 지구가 물체를 잡아당기는 힘을 중력이라고 하는데 이 중력 때문에 사과가 사과나무에서 떨어지고, 사람이 공중에 떠다니지 않고 지표면에서 생활할 수 있는 것이다. 우주에서는 이러한 지구의 중력이 없기 때문에 사람이 둥둥 떠다니게 되는데 이를 무중력 상태라고 말한다. 이런 무중력 상태에서는 모든 물체가 공중에 떠 있게 되고, 사람의 내장도 위로 올라붙어 허리가 가늘어지게

되고 혈액도 머리 쪽으로 몰려 얼굴이 붓게 된다고 한다.

이렇게 끌어당기는 힘인 만유인력 또는 중력의 크기는 그 물체의 질량에 비례하고 거리의 제곱에 반비례한다고 한다. 즉, 지구의 중력은 지구의 질량(크기)과 비례해서 커지고 지구에서 멀어지는 거리의 제곱에 비례해서 작아진다.

그럼 지구에서 지구의 중력을 이길 만한 큰 속도로 물체를 던지면 어떻게 될까? 지구의 중력보다 더 큰 속도라면 당연히 지구 밖으로 탈출하게 될 것이고 그렇지 않다면 속도의 크기만큼 하늘로 올라가다 다시 중력에 끌려 땅으로 떨어지게 될 것이다. 이 공식에 의하면

지구의 질량에 의한 중력을 이기고 지구를 탈출하려면 초속 11.2km 보다 빠른 속도를 가져야 한다. 이 초속 11.2km의 속도를 지구 탈출 속도라고 부른다. 따라서 지구를 벗어나 우주로 나아가려면 우주 비 행체를 초속 11.2km 이상의 속도로 쏘아 올릴 수 있는 추진동력을 확보할 수 있는 기술을 가지고 있어야 한다. 이러한 기술이 바로 우주 로켓 기술이다.

그러면 인류는 언제부터 지구를 탈출하여 우주로 나아가기 위한 로켓을 꿈꾸었을까? 중국의 전설에 의하면 16세기 명나라 지방관리 였던 완후라는 사람은 평소 밤하늘의 별을 보며 우주여행을 꿈꾸었다고 한다. 그래서 그는 고심 끝에 47개의 화약통을 붙인 의자 로켓을 만들어 의관을 정제하고 의자에 몸을 묶은 후 하인을 시켜 도화선에 불을 붙였다고 한다. 잠시 후 엄청난 폭발음과 함께 불꽃이 일었고 마당을 뒤덮은 연기가 사라지자 그 자리에는 완후도 의자도 흔적도 없이 사라졌고, 그날 이후 아무도 완후를 본 사람은 없다고 한다. 당시 사람들은 완후가 의자 로켓을 타고 우주의 어느 별에 도착했을 것이라 믿었다고 전해진다.

완후가 전설 속의 인물이라면, 과학소설 분야의 개척자로 알려진 프랑스의 작가 쥘 베른은 1865년에 〈지구에서 달까지〉라는 소설을 통해 대포에 사람을 태워 달로 보내는 대포클럽의 이야기를 과학적으로 그려내어 우주로켓에 대해 더욱 사실적으로 표현했다.

대포클럽은 길이 270m에 달하는 대포를 만들고 포탄 앞에 사람 3명과 개 1마리를 실어 달을 향해 발사했고, 포탄은 지구 탈출 속도인 초속 11.2km로 날아 달까지 간 뒤 지구로 무사히 귀환했다. 포탄이 지구로 돌아올 때는 바다에 착륙했다. 이런 쥘 베른의 상상은 100여 년 후 1969년 미국의 새턴V로켓에 실린 아폴로 11호 유인 우주선이 달에 갔다가 지구로 돌아올 때 태평양 한가운데로 떨어짐으로써 현실 세계에서 실현되었다.

전설이나 소설이 아닌 실질적인 최초의 우주로켓은 1957년 소련이 세계 최초로 인공위성 스푸트니크 1호를 발사할 때 사용한 R-7로켓이다. 이 R-7로켓은 지름 58cm, 무게 83.6kg인 스푸트니크 1호를 인류 역사상 최초로 지구로부터 탈출시켰다.

질량이 클수록 중력이 크다는 공식에 따르면 행성의 질량이 클수록 그 행성의 탈출 속도도 커져야 한다. 지구 탈출 속도인 초속 11.2km를 시속으로 환산하면 40,320km/h이다. 그렇다면 지구보다 11배나 큰 목성에서는 당연히 지구보다 표면 중력이 크기 때문에 목성의 탈출 속도는 지구의 탈출 속도보다 커야 할 것이다. 목성 탈출 속도는 초속 59.5km, 시속 214,200km라고 한다. 인류가 만일 목성에서 살고 있었다면 지구 탈출에 필요한 시속 4만km의 5배 이상인 시속 21만km의 추진동력을 개발해야 했을 것이다.

2023년 5월 누리호 3차 발사를 성공시킨 우리나라는 자력으로 인공위성을 지구 밖으로 탈출시킬 수 있는 세계 일곱 번째 나라, 즉 우주강국 G7이 되었다. 경제대국 G8에 이은 쾌거이다.

우주는 주인 없는 공간이다. 누가 더 빨리 그 공간을 선점하느냐가 관건이다. 우주강국 G7인 우리나라가 더 크고 무거운 인공위성을 지구 밖으로 탈출시킬 수 있는 기술을 개발해야 할 시점이다.

그런데 인류는 앞으로 얼마나 더 빠른 속도를 가진 추진체를 개발해낼 수 있을까? 인간이 인지하고 있는 현재까지 알려진 가장 빠른 속도를 가진 것은 빛이다. 빛의 속도는 1초에 지구 일곱 바퀴 반을 갈 수 있는데 이를 시속으로 환산하면 11억km/h가 조금 안되는 속도이다. 정말 어마어마한 속도가 아닐 수 없다. 만일 이 빛의 속도를 가진 추진체가 있다면 아무리 중력이 큰 행성이라도 이 추진체의 탈출을 막을 수 없을 것이다.

그런데 이 빛의 속도를 가진 추진체도 탈출할 수 없는 천체가 있

다. 지구를 벗어나려면 시속 4만km 이상의 추진력이 필요하고, 목성을 벗어나려면 시속 21만km 이상의 추진력이 필요하다. 그런데 빛의 속도인 시속 11억km의 추진력을 가지고도 끌어당기는 중력을 이기지 못해 그 물체를 빠져나가지 못한다면 과연 그 물체의 크기는 도대체 얼마나 될까? 이렇듯 빛조차 빠져나가지 못할 정도로 강한 중력을 가진 물질, 천체는 바로 모든 물질을 다 빨아들인다는 블랙홀이다.

지구의 지름이 12,756km인데 이 블랙홀의 지름은 160억km라고 한다. 즉 지구보다 125만 배나 큰 지름을 가지고 있고, 질량은 태양의 65억 배나 된다. 태양의 질량이 지구의 33만 배나 되니 블랙홀의 크기가 얼마나 큰지 상상조차 되지 않는다. 빛의 속도가 블랙홀의 탈출 속도에 못 미친다는 사실이 수긍이 갈 정도의 블랙홀 크기이다.

인류의 기술이 아무리 발전한다 한들 인간의 상상력이 아무리 크다 한들, 빛의 속도보다 빠른 추진체를 만들 수 있을지 블랙홀을 탈출할 수 있는 우주로켓을 만들 수 있을지는 상상조차 하기 힘들다. 아무래도 이번 생에서 우리의 상상력은 태양계 내로 국한해야 할 것 같다.

Moonshot Thinking

1961년 미국의 존 F. 케네디 대통령이 10년 안에 인류를 달에 보내겠다고 했을 때 전 세계 모든 사람은 말도 안 되는 허황된 이야기라고 생각했다. 그러나 미국은 이를 실현시키기 위해 아폴로 프로젝트를 시작했고, 8년 후인 1969년에 아폴로 11호 선장 닐 암스트롱이 역사적으로 달에 첫발을 내디뎌 사람들을 놀라게 했다. 닐 암스트롱 선장은 달에 도착하면서 "That's one small step for man, One giant leap for mankind. : 이것은 한 인간에게는 작은 한 걸음이지만 인류에게는 위대한 도약이다"라는 유명한 말을 남겼다. 그 이후 어떤 혁신적인 것에 도전하는 생각을 'Moonshot Thinking'이라고 불렀다.

이 Moonshot Thinking은 인터넷 기업 구글의 기업정신으로, 달을 더 가까이 보기 위해 망원경의 성능을 개선하기보다는 달 탐사선을 직접 반사Moonshot하는 것이 달에 더 빨리 갈 수 있듯이 급진적이고 혁신적인 개발 방법을 추구한다는 의미이다. 즉, 10%의 개선을 추구하기보다는 10배의 혁신에 도전하겠다는 뜻이다. 헬륨 풍선에 인터

넷 통신장비를 실어 하늘로 띄운 후 풍선이 상공에서 인터넷 신호를 보내면 지상에서 인터넷을 사용하게 해주는 글로벌 Wi-Fi 구축 프로젝트인 '룬 프로젝트'를 비롯해 구글의 자율주행 자동차, 구글 글라스 등이 이 Moonshot Thinking을 통해 개발되었고, 이러한 혁신적인 서비스 및 제품을 통해 구글은 현재 전 세계 Top5의 시가총액 회사가 되었다.

그런데 이런 Moonshot Thinking을 통한 혁신은 그냥 하루아침에 이루어지는 것은 아니다. 아폴로 11호가 인류 최초로 달 착륙에 성

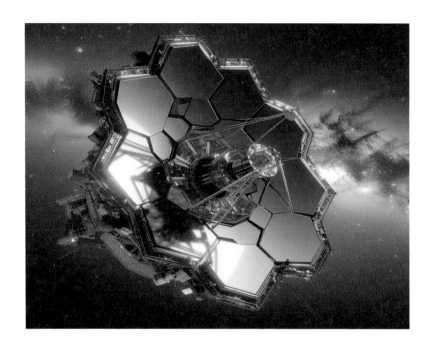

공할 때까지 수많은 실패와 노력 그리고 도전이 동반되었을 것이다. 즉, 달 탐사선을 직접 발사해서 달에 도착하는 것도 중요하지만 천체 망원경을 개선하여 달을 더 자세히 관찰하는 노력도 Moonshot의 노력만큼 중요한 것이다.

사실 우주의 비밀을 밝히는 데 있어서 천체 망원경의 공헌도는 엄청나다. 특히 지상에 있는 천체 망원경보다 우주에 떠 있는 우주 망원경은 수많은 우주의 신비를 밝히는 데 지대한 공헌을 했다. 1990년 NASA가 우주 궤도에 올린 우주 망원경 허블은 위성 자체가 거대한 망원경으로, 지구 상공 559km에서 96분마다 궤도를 돌면서 2024년 2월 현재까지 34년간 활동하면서 은하의 중심에 있는 초거대 질량 블랙홀의 존재를 밝혀냈으며, 우주의 나이가 138억 년이라는 것을 규명하는데 결정적 증거를 제시했고, 우주 팽창 속도를 규명하는 등 수많은 업적을 남겼다.

그리고 2021년 12월 25일, 30년이 넘은 허블 우주 망원경의 뒤를 잇는 제임스 웹 우주 망원경이 아리안 5호 로켓에 실려 우주로 발사되었다. 천문학 사상 최대의 프로젝트인 제임스 웹 우주 망원경은 허블보다 약 100배, 육안보다 약 100억 배 강력한 성능으로 먼 우주에서 우주 초기에 일어났던 현상들을 관찰하기 위한 임무를 수행하기 위해 탄생되었다.

이 제임스 웹 우주 망원경은 13조원의 예산과 거의 30년에 걸친 제작 기간을 거쳐 완성되었으며 '천문학을 집어삼킬 망원경', '천문학에 혁명을 일으킬 프로젝트'라는 칭송을 받으며 우주로 발사되었다. 빌 넬슨 NASA 국장은 제임스 웹 우주 망원경 발사 직후 "마치 타임머신처럼 시간을 거꾸로 돌려 우리를 우주의 시작점으로 데려가 줄 것이다"라고 말했다.

제임스 웹 우주 망원경은 우리의 기대를 저버리지 않고 지금까지 우주에서 발견된 것 중 가장 초기에 만들어진 최고령 블랙홀을 발견했을 뿐 아니라, 지구에서 41광년이나 떨어진 곳에서 외계행성 LHS 475 b를 발견했다.

이 제임스 웹 우주 망원경의 수명은 최소 5년이지만 10년 정도는 사용할 수 있을 것으로 예상된다. 허블 때도 그랬지만 NASA는 제임스 웹을 발사한 순간 이미 다음의 우주 망원경을 논의하기 시작했

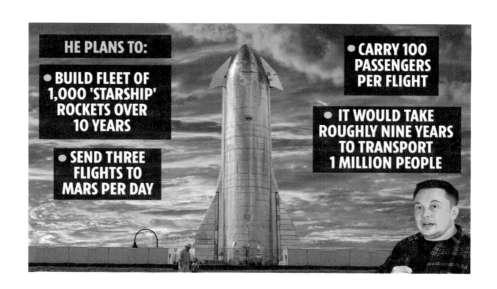

고, 반사경 지름 6m의 110억 달러짜리 자외선—가시광선—적외선 통합 우주 망원경을 2030년 전에 제작을 시작하려 하고 있다. 또 다른 Moonshot Thinking이 아닐 수 없다.

그런데 혁신을 상징하는 이 Moonshot Thinking이라는 용어도 이젠 바꾸어야 할 것 같다. 그 이유는 바로 스페이스 X의 일론 머스크가 2050년까지 지구인 100만 명을 화성에 이주시켜 화성 식민지를 구축하겠다고 선언했기 때문이다. 그는 현재 시범 발사 중인 스타십 우주선을 십수 년 내에 100개를 제작하고 1회 비행시 100명의 승객을 태워 하루에 세 번 화성으로 스타십을 발사할 구체적인 계획을 가지고 있다. 이 계획이 잘 실행이 된다면 100만 명을 화성으로 보내는 데는 9년이 소요될 것으로 예상된다.

이 혁신의 크기는 Moonshot Thinking이라는 용어로는 부족할 것 같다. 어쩌면 가까운 미래에 Moonshot Thinking이라는 용어는 Marsshot Thinking이라는 용어로 바뀔지도 모른다. 인류의 혁신은 끝이 없다.

별 속도 훔치기, 스윙바이

어떤 운송 물체를 움직이려면 반드시 동력이 필요하다. 예를 들어, 자전거는 인간 다리의 힘으로 페달을 밟아야 움직인다. 즉, 인간의 힘이 동력이다. 자동차를 움직이는 힘은 엔진이고, 이 엔진을 가동하는 연료는 주로 휘발유나 경유 등과 같은 석유제품이다. 그런데 이런 석유제품은 공기를 오염시키기 때문에 현재 수소나 전기로 대체가 이루어지고 있고 머지않은 미래에 완전히 대체될 것으로 예상되고 있다.

하지만 선박이나 비행기와 같은 대형 운송기관은 더욱 강력한 동력이 필요하고 장시간 가동해야 하기 때문에 어쩔 수 없이 항공유와 같은 특수 석유제품을 사용하지 않을 수 없고, 또한 가까운 미래에 다른 연료로 대체하기가 쉽지 않을 것이다.

그럼 이보다 더 큰 동력이 필요한 우주 탐사선 같은 거대한 운송 물체의 동력은 과연 무엇일까? 1977년에 발사된 보이저 2호는 이미 태양계를 벗어나 2024년 현재 47년째 시속 6만2,700km의 속도로 성간Interstellar 우주를 항해하고 있는데, 보이저 2호는 도대체 어떤 연

료를 탑재하였길래 47년간이나 고갈되지 않고 180억km 이상 우주를 항해할 수 있을까?

　우주선의 동력은 로켓 엔진이다. 100톤이 훨씬 넘는 우주선을 지구의 중력을 이겨내고 우주로 쏘아 올리려면 엄청난 파워의 동력이 필요하다. 이 로켓 엔진을 가동시키기 위해 고체연료나 액체연료가 쓰이는데, 고체연료는 액체연료에 비해 더 강력한 반면 한번 점화되면 멈출 수가 없는 단점이 있어서 우주선의 연료로 액체연료가 더 많이 선호된다.

　액체연료로는 액체수소가 주로 사용되고, 액체수소를 점화시키

는 산화제로 액체산소가 주로 쓰인다. 로켓 엔진은 밸브와 펌프를 통해 연료량 조절이 가능하여 연소량 조절 및 발사를 중지했다가 다시 가동할 수도 있다. 연소에 필요한 액체산소를 따로 싣고 있기 때문에 산소가 없는 우주에서 산소 공급을 받지 않고도 산화가 가능하다.

그러나 액체연료는 탑재량에 한계가 있기 때문에 이 액체연료의 동력만으로는 수십 년간의 우주 항해를 계속 이어갈 수는 없다. 물론 우주에서는 공기의 저항이나 마찰이 없어 엔진을 끄더라도 관성에 의해 처음의 속도로 계속 전진할 수 있다. 그러나 영원히 같은 속도를 유지할 수는 없다. 왜냐하면 다른 항성이나 행성의 잡아당기는 중력 때문에 속도가 점차 줄어들기 때문이다. 그럴 때마다 로켓 엔진을 점화하여 궤도를 수정하고 재추진할 수 있는 동력을 제공해야 한다. 그리고 제 궤도에 들어서면 다시 엔진을 끄고 관성으로 전진하면서 연료를 절감하게 된다.

그러나 이런 우주의 관성 도움을 받는다 하더라도 현재 인류의 로켓 기술로는 태양계 밖의 성간Interstellar 우주까지 보낼 수 없다. 그런데 어떻게 보이저 1, 2호는 성간우주까지 도달할 수 있었을까? 그것은 바로 스윙바이Swingby라는 기상천외한 기법을 사용했기 때문이다.

스윙바이는 플라이바이Flyby라고도 하며 중력 어시스트라고도 불린다. 즉, 스윙바이는 어떤 행성의 공전 방향 반대쪽에서 우주선을 접근시켜 그 행성의 중력장 내에 들어가게 한 후 그 행성의 공전 속도에 편승해 가속도를 얻은 다음 행성의 공전 방향으로 빠져나오게 하는 방법이다. 크기와 방향을 동시에 나타내는 속도인 벡터 이론에 의하면 시속 100km의 열차를 향해 시속 50km로 공을 던지면 공은 시속 250km로 튕겨져 나오게 된다. 물론 실제적으로는 에너지 손실로 인하여 250km/h 속도를 가질 수는 없지만 열차 속도인 100km/h의 최대 두 배인 200km/h 정도의 가속을 얻을 수 있다.

이 이론에 근거하여 보이저 2호는 실제로 시속 47,000km로 공전하는 목성의 중력장에 들어갔다가 다시 튕겨져 나오는 스윙바이를 통해 시속 74,000km의 속도로 가속하여 토성 방향으로 진행하였고,

같은 방법으로 토성, 천왕성, 해왕성에서 스윙바이를 통해 가속도를 얻어 태양계 밖인 성간우주로 나아갈 수 있었다. 즉, 보이저 2호는 각 별의 공전 속도를 훔쳐서 가속도를 얻어 그 머나먼 우주여행을 하게 된 것이다. 그리고 각 행성은 보이저 2호에게 뺏긴 속도만큼 공전 속도가 늦어지게 되는데, 이는 825kg에 불과한 보이저 2호의 무게와 각 행성의 무게를 비교하면 도둑 당한 공전 속도는 0이라고 봐도 무방할 것이다.

참으로 만화에서나 일어날 수 있는 일 같은데 이런 방법을 찾아내고 설계하고 실행시킨 인류는 정말로 대단한 존재인 것 같다. 이 스윙바이를 위해 176년마다 한 번 오는 Grand Cross, 즉 화성, 목성, 토성, 천왕성, 해왕성이 거의 일직선이 되는 1977년에 보이저1, 2호가 발사되었다.

이 태양계 5개 행성이 다시 일직선이 되는 서기 2153년 전까지 인류가 획기적인 로켓 엔진 기술을 개발하지 못한다면 보이저 1, 2호와 같은 태양계 밖을 탐사할 수 있는 우주선을 앞으로 130년간 보내지 못할 수도 있다. 미지의 우주와 이것의 비밀을 밝히려는 인류의 치열한 싸움이 계속되고 있다.

인류의 위대한 항해자 보이저 1, 2호

Voyager는 항해자라는 뜻이다. 이 이름에 걸맞게 우리가 존재하는 우주의 태양계 행성과 그 너머까지를 탐사하기 위해 미국의 우주 탐사선 보이저 1, 2호가 지금부터 47년 전인 1977년에 발사되었다.

개기일식 현상을 일으키는 태양과 지구와 달이 일직선 위에 놓이게 되는 경우와 같이, 1977년은 화성, 목성, 토성, 천왕성, 해왕성 등의 태양계 5개 행성이 176년 만에 거의 일직선 위에 놓이게 된다는 계산이 나오자, 미국의 NASA는 5개 행성을 차례로 지나가면서 검사할 수 있는 절호의 기회를 맞아 1977년 8월 20일 보이저 2호를, 9월 5일에는 보이저 1호를 각각 발사하였다.

주로 목성과 토성을 탐사하기 위해 발사된 보이저 1호는 목성의 위성인 이오에서 화산 폭발 사진을 지구로 전송하였으며, 목성에서 새로운 위성 3개를 발견하였고, 토성에서는 시속 500km의 폭풍우가 불고 있다는 것을 알아냈을 뿐 아니라 토성의 고리가 얼음덩이라는 사실도 밝혀냈다. 보이저 1호가 토성을 통과한 시기는 지구를 떠난

지 3년 후인 1980년이다. 그리고 2002년 태양에서 140억km 떨어진 태양계의 가장자리 '헬리오스히스'를 통과하였고, 2012년에는 태양계를 벗어난 성간우주, 즉 인터스텔라에 도달한 것으로 알려져 있다.

그동안 보이저 1호는 지구에서 61억km 떨어진 곳에서 지구를 촬영한 역사적 사진 '창백한 푸른 점'을 보냈다. 이 사진은 보이저 1호가 지구에 보내온 사실상 마지막 사진으로, 가장 먼 곳에서 지구를 찍은 사진으로 기록됐다. 인류를 위해 이러한 위대한 족적을 남긴 보이저 1호와 지구의 교신은 길어야 10년 내에 끊어지게 될 것이다. 그럼에도 보이저 1호는 지구와의 교신이 끊어진 이후에도 끝없이 우주 공간을 항해하게 될 것이다.

천왕성과 해왕성 탐사를 위해 발사된 보이저 2호는 천왕성에 접근하여 당시까지 5개로 알려진 천왕성의 위성이 10개임을 확인하였고, 해왕성의 북극 4,850km까지 접근하여 6개의 위성을 새로 발견하였으며 초속 수백km의 폭풍도 관측하였다. 이때가 보이저 2호가 지구를 떠난 지 12년 후인 1989년이다. 그 후 2018년 보이저 2호는 보이저 1호에 이어 인류 역사상 두 번째로 태양계를 벗어나 성간우주로 진입하였다.

성간우주로 진입한 후에도 보이저 2호는 성간우주에 대한 데이터를 계속 지구에 보내와 태양계의 끝과 그 너머의 모습을 최초로 인류가 알 수 있게 하였다. 태양계와 성간우주가 맞닿아 있는 곳을 태양권 계면Heliopause이라고 하는데, 보이저 2호에 의해 끝이 좁은 형태로 뭉툭한 탄환 모양을 띠고 있는 것으로 그 형태가 밝혀졌다. 태양에서

182억km 떨어진 곳이다.

보이저 2호는 2026년까지 지구와 교신할 수 있을 것으로 예측된다. 그리고 보이저 1호와 마찬가지로 보이저 2호도 지구와 교신이 끊어지더라도 끝없는 우주 여정을 계속하게 될 것이다.

47년 전인 1977년 발사 당시에 두 보이저호에는 혹시 모를 외계인과의 조우에 대비하여 지구인의 모습을 보여주는 비디오와 남녀의 모습, 지구의 위치를 알려주는 동판 그림과 편지 등을 실었다고 한다. 비디오에는 시드니의 오페라하우스를 비롯한 지구상의 여러 명소, 고대 바발로니아어부터 우리나라 말을 포함한 55개국의 언어로 된 인사

말, 당시 미국 대통령인 지미 카터의 인사말, 태양계의 행성, 비행기, 만리장성 등 116장의 이미지를 수록한 레코드 판, 고래의 울음소리, 천둥소리, 바람소리, 개 짖는 소리, 아기 우는 소리, 심장 박동 소리, 인간의 뇌파 등이 담겨 있다고 한다.

그런데 당시 지구의 위치를 표시한 동판을 보낸다 하여 외계인의 지구 침공의 빌미가 되는 것 아니냐는 웃지 못할 논쟁이 일었다고 하는데, 지금까지 아무 일도 일어나지 않는 것을 보면 당시 괜한 논쟁을 한 것이 아닌가 싶다.

인류의 위대한 항해자 보이저 1, 2호 두 탐사선은 지금 이 순간에도 인터스텔라에서 시속 6만2,700km로 항해하고 있다. NASA는 이들이 300년 후에는 혜성의 고향으로 불리는 '오르트 구름'에 닿고, 29만6천 년 후에는 밤하늘의 가장 밝은 별인 '시리우스'에 도달할 것으로 보고 있다. 인류의 기술이 만든 두 탐사선은 혹시 만날지 모를 외계인을 위한 인류의 전령사 역할을 하면서 그 Last dance를 계속할 것이다.

UFO

일반적으로 UFO 하면 대부분의 사람들은 외계인이 타고 있는 비행체를 연상한다. 그러나 엄밀히 말해서 UFO는 외계에서 온 비행체를 의미하는 단어가 아니다. UFO는 Unidentified Flying Object의 약자로 말 그대로 '미확인 비행물체'라는 뜻이다. 즉, 확인되지 않은 비행체를 의미한다.

원래 UFO는 레이더나 사진에 포착된 비행체 중에서 그 정체가 식별되지 않은 물체를 총칭하는 항공 용어로서, 확인된 비행물체를 뜻하는 IFO^{Identified Flying Object}의 반의어로 사용되던 용어인데 언제부터인가 사람들은 UFO를 외계에서 온 비행물체 또는 외계인이 타고 있는 비행물체라고 인식하기 시작했다.

이런 오해를 바로잡기 위해 미 해군에서는 미확인 공중 현상이라는 뜻의 UAP^{Unidentified Aerial Phenomena} 또는 미확인 이상 현상이라는 의미의 UAP^{Unidentified Anomalous Phenomena}라는 용어를 사용하기 시작했고, 이 UAP 용어가 얼마 전부터 공식적인 용어로 사용되기 시작했다.

　그러나 많은 사람들은 아직도 UFO라는 단어에 더욱 친숙할 뿐만 아니라 UFO는 우주의 아주 먼 곳에서 인간보다 훨씬 진보된 문명을 가진 외계 생명체가 타고 온 비행체라고 생각한다. 이런 UFO에 대한 진위 여부와 외계인에 대한 존재 여부는 오래전부터 우리에게 많은 궁금증과 논쟁거리를 안겨주었다. 우스갯소리로 역대 미국의 대통령들이 당선되자마자 제일 먼저 하는 일이 UFO와 외계인의 존재 유무에 대한 1급 기밀문서를 열람하는 것이라는 말도 있다. 그만큼 UFO는 우리에게 많은 호기심을 갖게 하는 주제이다.

　2022년 미 하원이 50년 만에 이에 대한 청문회를 개최하여 국방부 차관과 해군정보국 부국장을 증인으로 출석시켜 궁금했던 UFO에 대해 그동안의 조사 상황을 청취하였다. 청문회에 제출된 보고서에 의하면 2004년부터 17년간 군용기에서 관측한 144건의 UFO 중에서 풍선으로 확인된 1건을 제외한 143건은 정체가 미확인되었다고 한다. 말 그대로 미확인 비행물체이다.

이 청문회에서 증인으로 참석한 국방부 차관과 해군정보국 부국장은 "UAP 현상이 있기는 하지만 무엇인지는 모른다"라는 뻔한 답변을 되풀이하였다. 결국 청문회는 특별한 결론을 내지 못하고 "UAP는 규명되지 않았지만 실재한다. 그리고 그 기원을 규명하기 위한 노력에 집중할 것을 다짐한다"라는 하나 마나 한 결론을 냄으로써 많은 기대를 하고 청문회를 지켜본 사람들을 실망시켰다.

1947년 미국의 민간 비행사 케네스 아놀드가 목격한 최초의 UFO 이후 현재까지 70여 년이 넘도록 인류는 UFO의 정체를 밝혀내지 못하고 있다. 그러면 인류는 왜 UFO의 정체를 밝혀내지 못하는 것일까? 21세기 들어 인류의 기술은 기하급수적으로 발전하고 있고, 하루가 다르게 최첨단 기술들이 개발되고 있는데 왜 UFO에 대해서는 그 실체를 밝혀내지 못하고 그저 추측과 상상만 하고 있는 것일까? 그것은 UFO가 보여준 기술들이 아직 현대 인류의 기술 수준으로는 도저히 따라갈 수 없는 기술들이기 때문이다.

그간 사람들에게 회자된 UFO가 보여준 믿을 수 없는 현상 중 첫 번째는 바로 UFO의 속도이다. 극초음속 미사일의 최대 속도는 마하 10 정도이다. 1마하는 초속 340m이고 시속 1,224km이니 마하 10은 시속 12,240km이다. 지구의 둘레가 약 4만km 정도 되니 마하 10의 극초음속 미사일이 지구를 한 바퀴 도는 데는 3시간 정도 걸린다. 그러면 인간이 만든 비행체 중 가장 빠른 우주로켓의 속도는 어느 정도일까? 지구의 중력을 이기고 우주로 나아가려면 최소한 초속 11.2km 이상이 되어야 한다. 이를 시속으로 환산하면 약 4만km/h이다. 따라서 우주로켓으로 지구를 한 바퀴 도는 데는 약 1시간 정도 걸린다.

그렇다면 UFO는 얼마나 빠른 속도를 가지고 있을까? 일반적으로 UFO의 목격담을 들어보면 UFO가 하늘을 가로지르며 날아가다 어느 순간에 사라졌다고 한다. 일반적으로 우리가 타는 여객기의 속도는 시속 900km 정도이다. 이 정도 속도로 날아가는 비행기를 지상에서 쳐다볼 때 우리는 꽤 오랫동안 비행기가 시야에 머물러 있는 것을 알 수 있다. 이보다 더 빠른 제트기의 경우에는 보통 마하 1, 시속 1,224km 정도의 속도를 가지고 있다. 가끔 파란 창공에 흰 연기 꼬리를 매달고 날아가는 제트기를 보게 되는 경우가 있는데, 마하 1의 속도를 가진 제트기가 일반 여객기보다 빠르기는 하지만 우리 시야에서 놓칠 정도의 속도는 아니라는 것을 알 수 있다.

그러면 시야에서 갑자기 사라지는 속도라면 도대체 어느 정도가 되어야 할까? 우주로켓의 비행을 직접 본 적이 없어서 체감적으로 느껴 보진 않았지만 아마도 초속 11.2km, 시속 4만km인 우주로켓도 눈 깜짝할 새에 사라지지는 않을 것이다. 따라서 눈앞에서 갑자기 사라지려면 최소한 UFO의 속도는 초속 100km 이상은 되어야 하지 않을까 예상된다. 초속 100km는 시속 36만km이므로 UFO는 1시간에

지구를 9바퀴를 도는 속도를 가지고 있다고 생각해도 무방할 것 같다. 이렇듯 UFO는 인간이 만든 가장 빠른 비행체인 우주로켓의 최소 9배 이상의 속도를 가지고 있으니 사람들이 UFO가 인간보다 훨씬 뛰어난 기술을 가진 머나먼 외계에서 온 비행체라 생각하는 것은 당연하다 할 수 있다.

　　지구상의 물리학 법칙으로는 설명하기 힘든 두 번째 경이로운 UFO의 현상은 바로 정지 비행이다. Hovering이라고 불리는 정지 비행은 전후좌우의 편류없이 일정한 고도와 위치를 유지하면서 공중의

한 지점에 머무르는 비행을 말한다. 헬리콥터나 드론은 프로펠러의 추진력으로 이런 정지 비행을 하는데, UFO는 이런 장치도 없이 그 육중한 무게를 공중에서 장시간 지탱할 수 있다. UFO가 어떤 에너지 원을 사용하고 어떤 장치를 이용하여 공중에 떠서 장시간의 정지 비행을 할 수 있는지 도무지 지구상의 과학으로는 그 수수께끼를 풀 수가 없다. 뉴턴의 중력의 법칙을 완전히 무색하게 만드는 현상이 아닐 수 없다.

마지막으로, UFO의 세 번째 믿을 수 없는 현상은 급격한 방향전환이다. 지구에서 엄청난 속도로 자동차를 타고 달리거나 비행기를 타고 날아갈 때 방향을 전환하려면 당연히 속도를 급격히 줄여서 방향전환을 하거나 기존 속도를 유지하며 방향전환을 하려면 매우 완만하고 커다란 곡선 형태로 해야 하는데, UFO는 전혀 속도를 줄이지 않고 지그재그 형태로 급격한 방향전환을 하는 현상이 종종 목격되었다. 지구상의 현대 과학으로는 마하의 속도에서 이러한 급선회를 가능하게 하는 조정장치를 만드는 것은 도저히 불가능하고, 만일 가능하다고 해도 이런 비행체 안에 있는 조종사는 버텨내지 못할 것이다. 만일 지구인이 UFO를 타고 UFO의 속도로 급격한 방향전환을 했다면 관성의 법칙에 의한 충격 때문에 결코 살아남지 못할 것이다.

이런 지구상의 현대 과학으로는 설명이 되지 않는 UFO가 실존하는지 허상인지 우리는 아직까지 알지 못한다. 다만 UFO가 실존한다면 태양계 내에서 유일한 지적 생명체가 우리 인간이기에 UFO는 최소한 이 태양계를 벗어난 어느 우주에서 온 것만큼은 틀림없을 것

이다.

아무래도 이번 생에서는 UFO의 실체를 알아내기는 어려울 것 같다. 그저 UFO가 미확인 전투 물체를 뜻하는 Unidentified Fighting Object가 되어 우리 인류를 공격하는 일만은 없기를 기대해야 할 것 같다.

낭만 테크놀로지

지은이 | 김대일
펴낸이 | 박영발
펴낸곳 | W미디어
등록 | 제2005-000030호
1쇄 발행 | 2024년 4월 5일
주소 | 서울 양천구 목동 907 현대월드타워 1905호
전화 | 02-6678-0708
E-mail | wmedia@naver.com

ISBN 979-11-89172-50-3 (03500)

값 17,000원